这就是物理 升级新版

[美] 约瑟夫·米森 著　　[美] 萨缪·希提 绘　　周思益 译

MATTER AND ITS PROPERTIES 物质及其性质

CTS　㊐ 湖南少年儿童出版社
HUNAN JUVENILE & CHILDREN'S PUBLISHING HOUSE
小博集
BOOKY KIDS
WORLD BOOK

·长沙·

推荐序

　　我很荣幸担任了这套书的翻译和审校工作。我经常自称是幼儿园园长，但当我真正参与了与小朋友有关的工作，又是诚惶诚恐，生怕自己哪个字或词语会让小朋友感到难以理解。经过深思熟虑后，我还是决定以直译的方式来翻译这套书，并在语气方面尽量贴合小朋友的表达习惯。

　　收到这套书后，我最先翻译的是《力和运动》。翻开书的那一刻我就被震惊到了，这是什么，这些简直是会说话的图形呀！力是方头五边形，运动是尖头四边形。我被这一对淘气、可爱的好朋友吸引了，跟着他们，我又重拾了儿时的乐趣，重温了那段温馨的时光。

　　这套书，共分为10册，用孩子们喜欢的漫画形式，生动地讲解了很多有趣的物理学知识。让孩子们，在不看任何物理学公式的情况下，就能掌握丰富的物理学知识。有些内容采用"对话式"的行文方式，不仅提升了这套书的可读性和趣味性，还拉近了物理学知识与读者之间的距离。有些内容则采用与"读者聊天"的方式展开，书中的这些小人物仿佛带领着孩子们，在物理世界里进行着他们梦寐以求的"研学游"。

　　在内容编排方面，这套书的内容极为丰富，包含了力和运动、引力、声音、能量、物质的性质及变化、光、电、热和磁，但书中涉及的知识点并不深奥，只要有一颗充满好奇的心就能跟着书中的人物一起去发现自然界的奥秘。非常适合幼儿园和小学低年级的小朋友们阅读。

　　希望这套书能唤起孩子们的好奇心，引导孩子们体会到物理世界的有趣之处和可爱之处。

——周思益　重庆大学物理学院副教授

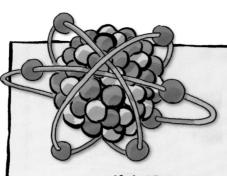

目 录

什么是物质？

注：本书中所有的地球的图片仅为示意图，均为外版原书中的原图。——编者

你脚下的泥土是由物质组成的。

河流里的水是由物质组成的。

你头顶上的云朵是由物质组成的。

夜空中闪亮的星星是由物质组成的。

甚至，连你们也是由物质组成的！

一切具有**质量**和**体积**的东西都是物质。

如何衡量物质?

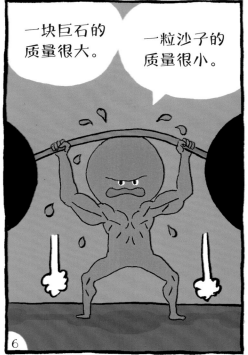

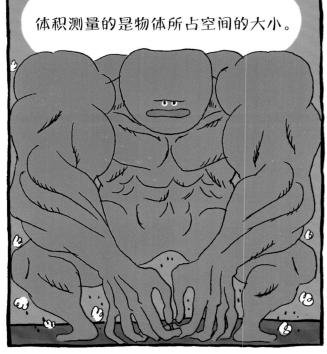

这里有一个保龄球和一个气球。

保龄球的质量比气球的大。

但是它们占据的空间大致相同。

也就是说，它们的体积差不多大。为什么会这样呢？

在相同的体积下，保龄球的质量更大。

因为它们的**密度**不同。

密度衡量的是一定空间中物质数量的多少。

保龄球的密度比气球的大。

击中了！

扔

砰

物质的性质

质量、体积和密度都是物质的性质。

物质的性质可以用来描述物体。

材质

颜色

形状

大小

在这些图片中，你能看到物质的不同性质。

还有些性质不容易被观察到。

但你可以通过一些小实验来观察它们。

你可以试试看……

它是浮起来还是沉下去？

它是否会被磁铁**吸引**？

它会在液体中溶解吗?

它是更容易融化,还是更容易凝结,还是更容易蒸发?

物质的组成

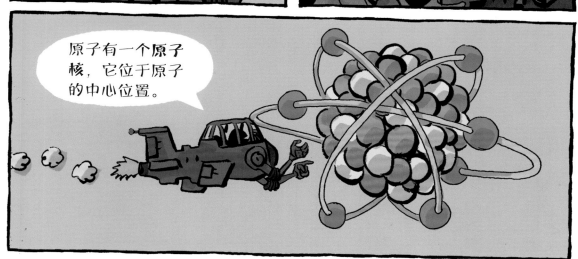

13

元素与化合物

那么，如果所有的物质都是由原子组成的，为什么会有不同种类的物质呢？这和质子有关。

原子中可以有不同数量的质子。例如，氢原子是最小的原子，它只含有一个质子。

氧原子比氢原子大一些，它有八个质子。

质子的数量决定了原子的类型和大小。

元素是质子数量相同的一类原子的总称。

你可以把它比作一种食材。

化合物是由两种或两种以上不同种元素组成的分子。

你可以把它比作一种食谱。

真美味！

以氧原子为例。

氧原子就像一种食材。

往里面加入两个氢原子。

然后混合……

看！我们得到了一个水分子，它是一种化合物。H_2O！

原子、分子、元素和化合物组成了我们所生活的世界。

你可能已经注意到了，物质看起来并不总是一样的。

物质可以有不同的存在形式。

它们被称为物质的状态！

物质的状态

17

物质的分类

正如你所看到的，并非所有的物质都是一样的。

科学家将组成物质的大部分元素分成了两类：

金属元素和非金属元素。

金属是一大类元素。

它们通常看起来闪闪发光，因为它们能很好地反射光线。

铜、金、铁、铅、汞、银和锡都是金属。

所有金属在室温下都是固体，只有汞是液体。

大多数金属原子之间的距离比非金属原子之间的距离要小。

因此金属的密度更大。

金属可以被制成各种物品。

它们可以被锤打成薄片而不断裂。

它们还可以被拉成细长的电线。

大多数金属也是热和电的良导体。

所以电线都是由金属制成的。

非金属通常不能很好地导热或导电。

几乎所有的固体非金属都很容易破碎。

它们很难被塑造成其他形状。

咔嚓

非金属通常看起来暗淡无光，但与金属相比，它们的颜色范围更广。

那么，我们该如何区分金属元素与非金属元素呢？

元素周期表

元素周期表里列出了科学家迄今为止已确定的所有元素。

金属在周期表的一边，非金属（氢除外）在另一边。

每种元素都有自己的符号。还记得前面我们做的那个水分子吗？

我把它叫作 H_2O。

原因就在这里！

你可以这样阅读元素周期表……

1	2		3	4	5	6	7	8	9
1 **氢** H hydrogen 1.008 [1.0078, 1.0082]									
3 **锂** Li lithium 6.94 [6.938, 6.997]	4 **铍** Be beryllium 9.0122								
11 **钠** Na sodium 22.990	12 **镁** Mg magnesium 24.305 [24.304, 24.307]								
19 **钾** K potassium 39.098	20 **钙** Ca calcium 40.078(4)		21 **钪** Sc scandium 44.956	22 **钛** Ti titanium 47.867	23 **钒** V vanadium 50.942	24 **铬** Cr chromium 51.996	25 **锰** Mn manganese 54.938	26 **铁** Fe iron 55.845(2)	27 **钴** Co cobalt 58.93
37 **铷** Rb rubidium 85.468	38 **锶** Sr strontium 87.62		39 **钇** Y yttrium 88.906	40 **锆** Zr zirconium 91.224(2)	41 **铌** Nb niobium 92.906	42 **钼** Mo molybdenum 95.95	43 **锝** Tc technetium	44 **钌** Ru ruthenium 101.07(2)	45 **铑** Rh rhodium 102.9
55 **铯** Cs caesium 132.91	56 **钡** Ba barium 137.33		57-71 **镧系** lanthanoids	72 **铪** Hf hafnium 178.49(2)	73 **钽** Ta tantalum 180.95	74 **钨** W tungsten 183.84	75 **铼** Re rhenium 186.21	76 **锇** Os osmium 190.23(3)	77 **铱** Ir iridium 192.2
87 **钫** Fr francium	88 **镭** Ra radium		89-103 **锕系** actinoids	104 **鑪** Rf rutherfordium	105 **𨧀** Db dubnium	106 **𨭎** Sg seaborgium	107 **𨨏** Bh bohrium	108 **𨭆** Hs hassium	109 **䥑** Mt meitnerium

57 **镧** La lanthanoids 138, 91	58 **铈** Ce cerium 140.12	59 **镨** Pr praseodymium 140.91	60 **钕** Nd neodymium 144.24	61 **钷** Pm promethium	62 **钐** Sm samarium 150.3
89 **锕** Ac actinoids	90 **钍** Th thorium 232.04	91 **镤** Pa protactinium 231.04	92 **铀** U uranium 238.03	93 **镎** Np neptunium	94 **钚** Pu plutonium

原子序数 —— **氢** H —— 元素符号
氢 —— 元素中文名称
hydrogen —— 元素英文名称
1.008 —— 惯用原子量
[1.0078, 1.0082] —— 标准原子量

氢元素的符号是 H。

"H" 代表氢。

"O" 代表氧。

所以水分子的符号是 H_2O，两个氢原子和一个氧原子！

					18
					2 He 氦 helium 4.0026
13	14	15	16	17	
5 B 硼 boron 10.81 [10.806, 10.821]	6 C 碳 carbon 12.011 [12.009, 12.012]	7 N 氮 nitrogen 14.007 [14.006, 14.008]	8 O 氧 oxygen 15.999 [15.999, 16.000]	9 F 氟 fluorine 18.998	10 Ne 氖 neon 20.180
13 Al 铝 aluminium 26.982	14 Si 硅 silicon 28.085 [28.084, 28.086]	15 P 磷 phosphorus 30.974	16 S 硫 sulfur 32.06 [32.059, 32.076]	17 Cl 氯 chlorine 35.45 [35.446, 35.457]	18 Ar 氩 argon 39.948

10	11	12					
Ni 镍 ckel .693	29 Cu 铜 copper 63.546(3)	30 Zn 锌 zinc 65.38(2)	31 Ga 镓 gallium 69.723	32 Ge 锗 germanium 72.630(8)	33 As 砷 arsenic 74.922	34 Se 硒 selenium 78.971(8)	35 Br 溴 bromine 79.904 [79.901, 79.907]	36 Kr 氪 krypton 83.798(2)
Pd 钯 adium 6.42	47 Ag 银 silver 107.87	48 Cd 镉 cadmium 112.41	49 In 铟 indium 114.82	50 Sn 锡 tin 118.71	51 Sb 锑 antimony 121.76	52 Te 碲 tellurium 127.60(3)	53 I 碘 iodine 126.90	54 Xe 氙 xenon 131.29
Pt 铂 linum 5.08	79 Au 金 gold 196.97	80 Hg 汞 mercury 200.59	81 Tl 铊 thallium 204.38 [204.38, 204.39]	82 Pb 铅 lead 207.2	83 Bi 铋 bismuth 208.98	84 Po 钋 polonium	85 At 砹 astatine	86 Rn 氡 radon
Ds 达 tadtium	111 Rg 𫓧 roentgenium	112 Cn 鿔 copernicium	113 Nh 鉨 nihonium	114 Fl 𫓶 flerovium	115 Mc 镆 moscovium	116 Lv 𫟼 livermorium	117 Ts 础 tennessine	118 Og 鿫 oganesson

Eu 有 pium .96	64 Gd 钆 gadolinium 157.25(3)	65 Tb 铽 terbium 158.93	66 Dy 镝 dysprosium 162.50	67 Ho 钬 holmium 164.93	68 Er 铒 erbium 167.26	69 Tm 铥 thulium 168.93	70 Yb 镱 ytterbium 173.05	71 Lu 镥 lutetium 174.97
Am 镅 icium	96 Cm 锔 curium	97 Bk 锫 berkelium	98 Cf 锎 californium	99 Es 锿 einsteinium	100 Fm 镄 fermium	101 Md 钔 mendelevium	102 No 锘 nobelium	103 Lr 铹 lawrencium

金属元素　　　非金属元素　　　稀有气体元素

物质的性质与用途

科学家必须了解物质的性质，才能制造出功能各异的物品。

就像这个茶壶。

它不仅要能装水，还要能承受水沸腾时的高温。

所以，要制造一个茶壶，你需要找到一种物质，确保它在水沸腾之前不会熔化。

咕嘟 咕嘟 咕嘟

也就是说，科学家需要知道用来制作茶壶的物质的熔点。

吧唧！

吧唧！

吧唧！

牙线的柔韧性很好，可以穿过牙缝，

但它也会断开。

不如金属丝坚韧。

电线是由金属制成的。

嗷嗷

金属是良好的导电体。

你永远不会用金属丝来剔牙，牙线肯定也不能用于制作电子产品！

如果不了解物质的性质，你就无法制造任何东西！

物质无处不在！

时间线

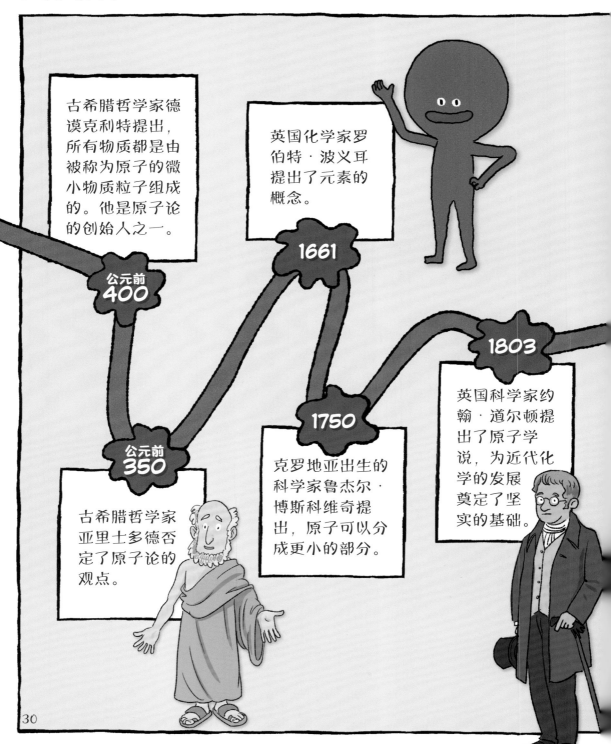

古希腊哲学家德谟克利特提出，所有物质都是由被称为原子的微小物质粒子组成的。他是原子论的创始人之一。

英国化学家罗伯特·波义耳提出了元素的概念。

1661

公元前 400

公元前 350

古希腊哲学家亚里士多德否定了原子论的观点。

1750

克罗地亚出生的科学家鲁杰尔·博斯科维奇提出，原子可以分成更小的部分。

1803

英国科学家约翰·道尔顿提出了原子学说，为近代化学的发展奠定了坚实的基础。

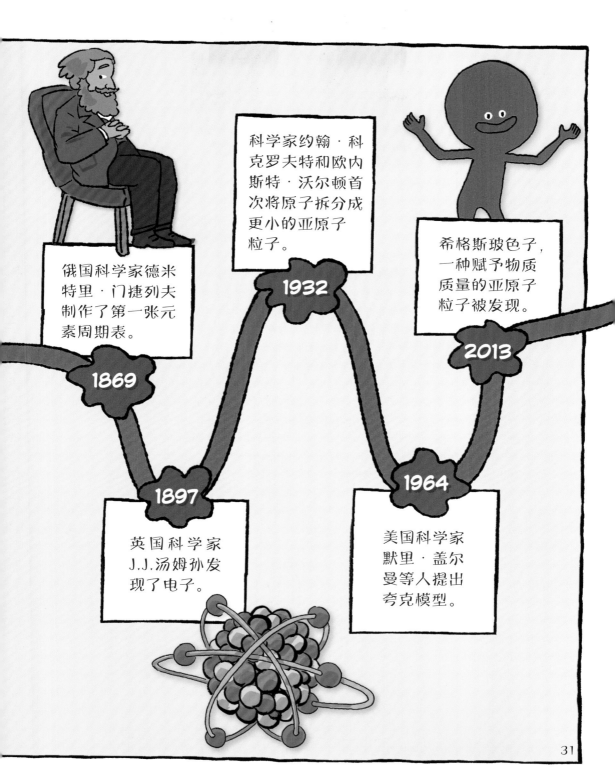

科学家约翰·科克罗夫特和欧内斯特·沃尔顿首次将原子拆分成更小的亚原子粒子。

1932

希格斯玻色子，一种赋予物质质量的亚原子粒子被发现。

俄国科学家德米特里·门捷列夫制作了第一张元素周期表。

1869

2013

1897

英国科学家J.J.汤姆孙发现了电子。

1964

美国科学家默里·盖尔曼等人提出夸克模型。

名人录：德米特里·门捷列夫

人物档案

姓名：德米特里·门捷列夫

出生年份：1834年

出生地：俄国托博尔斯克

职业：化学家

成就：元素周期表在门捷列夫的梦中诞生，它排列了所有化学元素。元素周期表是化学史上最有用的工具之一。

你能相信吗？！

原子（atom）一词源自希腊语，意为"不可切割"。但是，科学家发现了组成原子的亚原子粒子。

目前已知**最大的原子**是人工合成的**氮**（ào）元素。一个氮原子有118个质子。

将其他元素添加到**金属**中可以赋予它们许多有用的特性。例如，钢的主要成分是铁，但还添加了极少量的碳。

除极少数物质外，绝大多数物质都不是由单个原子组成的。

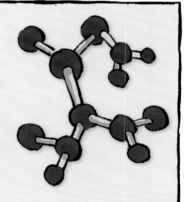

大多数原子与一个或多个其他原子结合在一起，以分子的形式出现。

金属元素铱（yī）在地壳中的含量极少，而且，其中大部分来自落到地球上的**陨石**！

分子能够稳定存在很长时间。说不定，现在你呼吸的空气中的分子就是**恐龙曾经呼出的**！

宇宙中的中子星密度极大，一小勺来自中子星的物质就能重达**数百万吨**！

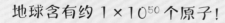

地球含有约 1×10^{50} 个原子！

科学家使用一种叫作"**摩尔**"的单位来衡量原子和其他微小粒子。

1摩尔任何粒子的集合体都约含有602,214,085,700,000,000,000,000个粒子。

1摩尔水仅重18克。

35

实验：分子的运动

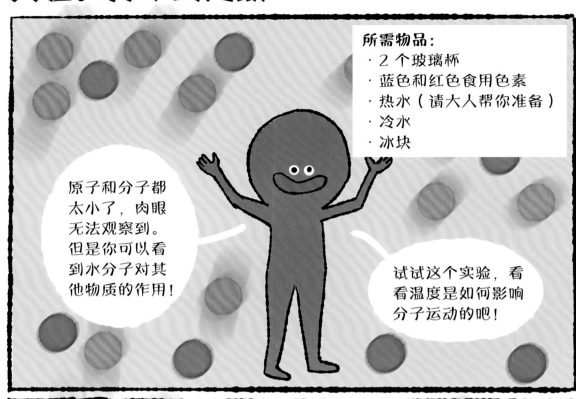

所需物品：
- 2 个玻璃杯
- 蓝色和红色食用色素
- 热水（请大人帮你准备）
- 冷水
- 冰块

原子和分子都太小了，肉眼无法观察到。但是你可以看到水分子对其他物质的作用！

试试这个实验，看看温度是如何影响分子运动的吧！

在其中一个玻璃杯中加入冷水，再加入一些冰块。让水静置几分钟，使其更好地冷却。之后取出冰块，再让水静置一分钟左右，直到水完全静止。

然后，在冷水中滴入一滴蓝色食用色素，并观察色素如何在水中移动。

请大人帮你在第二个玻璃杯中倒入热水。等待几分钟，直到热水完全静止。然后在热水中滴入一滴红色食用色素。

观察色素如何在热水中移动。红色食用色素的运动速度和方式与蓝色食用色素在冷水中的是否相同？

因为热水中具有更多的能量，所以热水中的分子比冷水中的分子运动得更快。

这使得红色食用色素的扩散速度比蓝色食用色素的扩散速度快得多。

词汇表

导体
允许热、电、光、声以及其他形式的能量通过的物体。

电子
围绕着原子核（原子中心）旋转的粒子。电子带负电荷。

非金属
不具备金属特性的材料。木材、玻璃、塑料都属于非金属。

分子
两个或两个以上的原子通过化学键结合在一起就形成了分子。

化合物
由两种或两种以上元素的原子或离子组合而成的物质。

金属
包括铜、金、铁、铅、银、锡在内的，拥有相似性质的一大类元素。

密度
衡量的是一定空间中物质数量的多少。

膨胀
体积增大。

收缩
体积减小。

水蒸气
气体状态的水。

体积
物体所占据的空间大小。

吸引
使一个物体拉向另一个物体。

性质
物质本身的特点。

元素
质子数量相同的一类原子的总称。

元素周期表
所有元素按原子序数顺序排列，并表示化学元素属性周期性变化的表。

原子
物质的基本单位之一。

原子核
位于原子的中心，里面有中子和质子。

质量
物体中物质的含量。

质子
原子核（中心）内的一种粒子，带正电荷。

中子
原子核（中心）内的一种粒子，不带电荷。

著作权合同登记号：图字 18-2024-003

图书在版编目（CIP）数据

这就是物理 ：升级新版. 物质及其性质 /（美）约
瑟夫·米森著 ；（美）萨缪·希提绘 ；周思益译. -- 长
沙 ：湖南少年儿童出版社，2024.5
ISBN 978-7-5562-7558-8

Ⅰ. ①这… Ⅱ. ①约… ②萨… ③周… Ⅲ. ①物质—
青少年读物 Ⅳ. ①O4-49

中国国家版本馆CIP数据核字（2024）第071315号

ZHE JIUSHI WULI SHENGJI XINBAN WUZHI JIQI XINGZHI
这就是物理 升级新版 物质及其性质

［美］约瑟夫·米森 著 ［美］萨缪·希提 绘 周思益 译

责任编辑：张 新 李 炜	策划出品：李 炜 张苗苗
策划编辑：王 伟	特约编辑：张丽静
营销支持：付 佳 杨 朔 苗秀花	版权支持：王立萌
封面设计：主语设计	版式排版：霍雨佳
项目支持：蔡嘉琪 张思齐	

出 版 人：刘星保
出 版：湖南少年儿童出版社
地 址：湖南省长沙市晚报大道 89 号
邮 编：410016
电 话：0731-82196320
常年法律顾问：湖南崇民律师事务所 柳成柱律师
经 销：新华书店
开 本：715 mm×980 mm 1/16
字 数：23 千字
版 次：2024 年 5 月第 1 版
书 号：ISBN 978-7-5562-7558-8
印 刷：河北尚唐印刷包装有限公司
印 张：2.5
印 次：2024 年 5 月第 1 次印刷
定 价：179.00 元（全 10 册）

若有质量问题，请致电质量监督电话：010-59096394 团购电话：010-59320018

目录

物理视频课

小朋友们，扫描二维码即可观看
物理视频课。

王芳老师专享

在这里写下你的思考吧！

2

物质及其性质

思维导图

一定空间中物质数量的多少

密度

化合物
由两种或两种以上不同
种元素组成的分子

质量和体积

金属元素
铜、金、铁、铅、
汞、银和锡等

分子

物质及其性质

能量
改变物质的形态

元素
质子数量相同的
一类原子的总称

物质的性质
颜色、材质、形状、大小等

非金属元素
碳元素、氧元素等

原子
中子、质子和电子

元素周期表

下列不属于非金属元素的是 _____

A.氧

B.汞

C.碳

D.氢

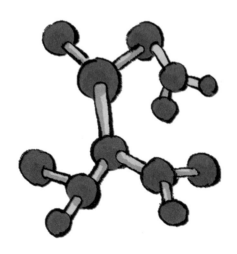

答案：B

试着描述任意3件物体的性质吧。

物体1：

物体2：

物体3：

物质及其变化

超流体

极低温度
氦

物质的状态

气态、液态和固态

物质的混合与分离

物理变化

原子

物质的基本单位

物质及其变化

等离子体

极高温度
太阳

分子

化学变化

发光、发热或者颜色发生改变

6

书中用了3种人群来描述物质的3种状态，快来给它们连线吧！

固态 •   • 滑冰的人群

液态 •   • 士兵队列

气态 •   • 街上行走的人群

对下面描述的每种变化做出判断，字母P表示物理变化，字母C表示化学变化。

1. 冰融成水 _____

2. 光合作用 _____

3. 粉笔折断 _____

4. 酱油拌饭 _____

5. 木头燃烧 _____

答案：1.P 2.C 3.P 4.P 5.C

能量

思维导图

煤炭、石油和天然气
是由数百万年前死去的生物的遗骸形成的

化石燃料

是由植物和其他天然
物质制成的燃料

生物燃料

燃烧化石燃料会造成污染
酸雨和雾霾都是污染

污染

太阳能

光能和热能

势能

可再生能源

能量

不可再生能源

化学能

食物中也有化学能

能量的转化

能量不能被创造或是消灭，它只会转化成不同形式
一些深海水母和萤火虫能将化学能转化为光能

下列物质中，属于可再生能源的是 _____

A．石油

B．煤炭

C．太阳能

D．天然气

提示：可再生能源可以在较短的时间内更新、再生，或者循环使用。

答案：C

为了节约能源，我们能做些什么？

声音

思维导图

振幅越大，能量越大

振幅

回声
回声定位
蝙蝠、海豚和鲸鱼
声呐

声波
介质
携带着来自物体的能量

声音

超声波
频率高于人类的听觉范围
检查身体

频率与音调

波峰和波谷

听见声音
鼓膜
耳蜗
听觉中枢

声音来自物体的振动

敲打一面鼓，我们听到鼓发出"咚咚咚"的声音，在这个过程中＿＿＿＿＿＿

A.只有鼓在振动

B.只有鼓周围的空气在振动

C.鼓和它周围的空气都在振动

D.鼓和它周围的空气都没有振动

答案：C

和爸爸、妈妈一起合唱一首歌，感受一下三个人的音量、音调有什么不同之处。

光

思维导图

不可见光
红外线、紫外线、X 射线、无线电波

光是一种能量

波峰和波谷
波峰就是波的最高点
波谷则是波的最低点

光的速度
一秒内绕地球七圈

电磁波谱

光

吸收
黑色吸收多
白色吸收少

反射
黑色反射少
白色反射多

折射
光的速度发生变化
传播方向发生偏折
三棱镜

透镜
凹透镜，边缘比中间厚
凸透镜，中间比边缘厚

可见光
包括彩虹中所有颜色的光

眼睛
眼角膜、瞳孔、晶状体、视网膜

我们经常在岸边看到一些景物的倒影，倒影的形成是
因为光的 _____

A. 折射
B. 反射

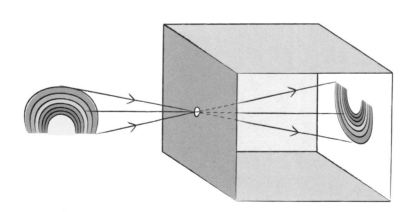

答案：B

说一说

我们是怎么看到红红的苹果的？
把原理讲一讲吧！

热

思维导图

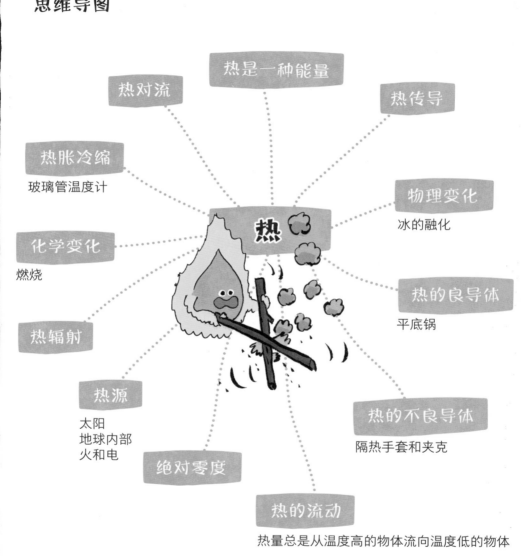

热是一种能量

热对流

热传导

热胀冷缩
玻璃管温度计

物理变化
冰的融化

化学变化
燃烧

热

热的良导体
平底锅

热辐射

热源
太阳
地球内部
火和电

热的不良导体
隔热手套和夹克

绝对零度

热的流动
热量总是从温度高的物体流向温度低的物体

想一想

我们常说，下雪不冷化雪冷，
你知道这是为什么吗？

答案：这是因为化雪时，要融化冰雪，是一个吸热过程，需要从周围环境中吸收很多热量，这样就导致周围环境的温度降低，所以，人们会感觉寒冷。

你家的厨房里，炒菜的锅、铲子、盛饭的碗是什么材质的？它们是热的良导体，还是热的不良导体？

电

思维导图

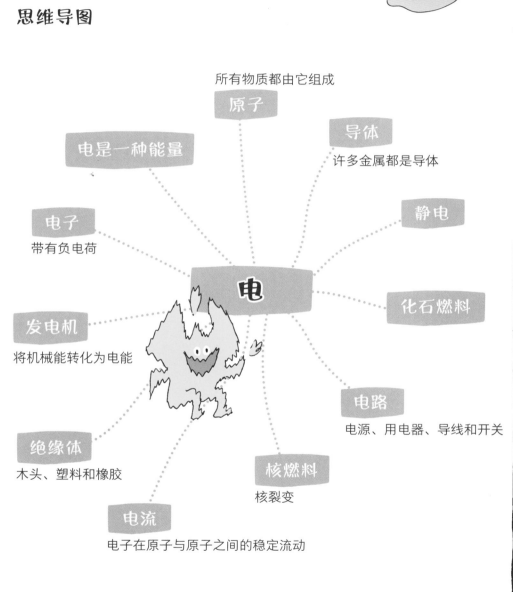

所有物质都由它组成

原子

导体

许多金属都是导体

电是一种能量

静电

电子

带有负电荷

电

化石燃料

发电机

将机械能转化为电能

电路

电源、用电器、导线和开关

绝缘体

木头、塑料和橡胶

核燃料

核裂变

电流

电子在原子与原子之间的稳定流动

说一说

在你的周围，都有哪些东西需要用电？

一个简单的电路，需要哪4个主要部分？

答案：电源、用电器、导线和开关

思维导图

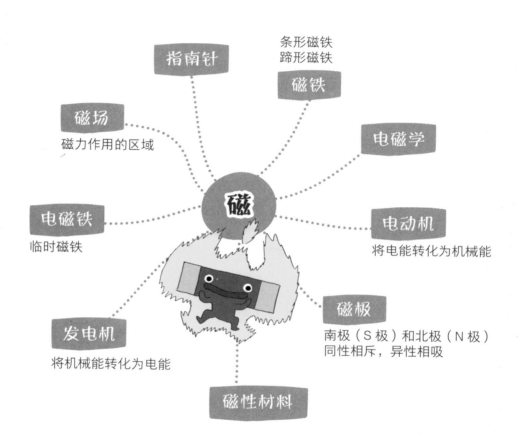

指南针

条形磁铁
蹄形磁铁
磁铁

磁场
磁力作用的区域

电磁学

磁
电磁学

电磁铁
临时磁铁

电动机
将电能转化为机械能

磁极
南极（S极）和北极（N极）
同性相斥，异性相吸

发电机
将机械能转化为电能

磁性材料

每块磁铁都有两个磁极，如果把一块磁铁从中间切开分成两半，现在一共有几个磁极？

A.2个
B.3个
C.4个

答案：C

以下哪件东西是磁性材料？ _____

A. 玻璃

B. 塑料

C. 铁

D. 木头

答案：C

力与运动

功的大小等于力与物体在力的
方向上移动的距离的乘积

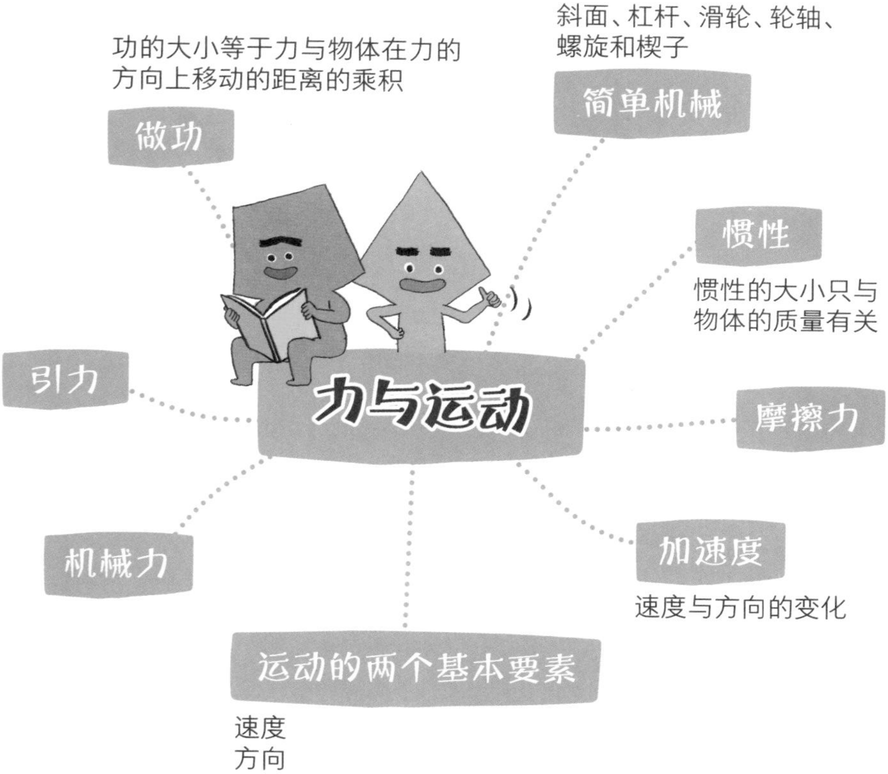

斜面、杠杆、滑轮、轮轴、
螺旋和楔子

做功

简单机械

惯性

惯性的大小只与
物体的质量有关

引力

力与运动

摩擦力

机械力

加速度

速度与方向的变化

运动的两个基本要素

速度
方向

简单机械一共有6种，分别是斜面、杠杆、滑轮、轮轴、螺旋、楔子，在日常生活中，你见过哪些简单机械？

惯性的大小与什么有关?

A.体积

B.速度

C.质量

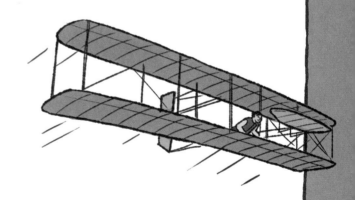

答案：C

引力

思维导图

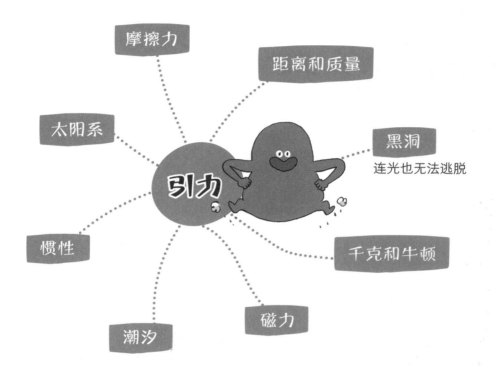

摩擦力

距离和质量

太阳系

黑洞
连光也无法逃脱

引力

惯性

千克和牛顿

潮汐

磁力

用力往上蹦或跳，感受引力的存在。

引力的大小与两个因素有关：_____和_____。
两个物体之间的距离越远，它们之间的引力就越_____
_____。一个物体的质量越大，它与周围物体之间的引
力就越_____。

答案：距离、质量；小；大。

升级新版

[美]约瑟夫·米森 著　[美]萨缪·希提 绘　周思益 译

MATTER AND
HOW IT CHANGES
物质及其变化

湖南少年儿童出版社
HUNAN JUVENILE & CHILDREN'S PUBLISHING HOUSE
小博集
BOOKY KIDS
WORLD BOOK
· 长沙 ·

　　我很荣幸担任了这套书的翻译和审校工作。我经常自称是幼儿园园长，但当我真正参与了与小朋友有关的工作，又是诚惶诚恐，生怕自己哪个字或词语会让小朋友感到难以理解。经过深思熟虑后，我还是决定以直译的方式来翻译这套书，并在语气方面尽量贴合小朋友的表达习惯。

　　收到这套书后，我最先翻译的是《力和运动》。翻开书的那一刻我就被震惊到了，这是什么，这些简直是会说话的图形呀！力是方头五边形，运动是尖头四边形。我被这一对淘气、可爱的好朋友吸引了，跟着他们，我又重拾了儿时的乐趣，重温了那段温馨的时光。

　　这套书，共分为10册，用孩子们喜欢的漫画形式，生动地讲解了很多有趣的物理学知识。让孩子们，在不看任何物理学公式的情况下，就能掌握丰富的物理学知识。有些内容采用"对话式"的行文方式，不仅提升了这套书的可读性和趣味性，还拉近了物理学知识与读者之间的距离。有些内容则采用与"读者聊天"的方式展开，书中的这些小人物仿佛带领着孩子们，在物理世界里进行着他们梦寐以求的"研学游"。

　　在内容编排方面，这套书的内容极为丰富，包含了力和运动、引力、声音、能量、物质的性质及变化、光、电、热和磁，但书中涉及的知识点并不深奥，只要有一颗充满好奇的心就能跟着书中的人物一起去发现自然界的奥秘。非常适合幼儿园和小学低年级的小朋友们阅读。

　　希望这套书能唤起孩子们的好奇心，引导孩子们体会到物理世界的有趣之处和可爱之处。

——周思益　重庆大学物理学院副教授

目　录

物质的变化

这只是使物质发生变化的方法之一。

但是，你可能会问，什么是物质？

哇哦……

我得注意举止！

嗖

嗖……

我就是物质。

世界上的一切都由我组成！

咿刷

物质是由什么组成的？

在我们知道物质变化的方式之前，需要先知道物质是由什么组成的。

灯光！

谢谢。

请看第一张幻灯片。

仔细观察一下，你会看到我是由许多微小的粒子组成的，这些粒子叫原子。

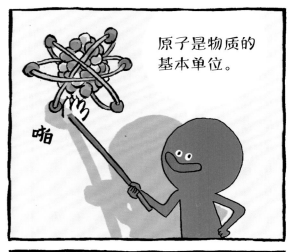

原子是物质的基本单位。

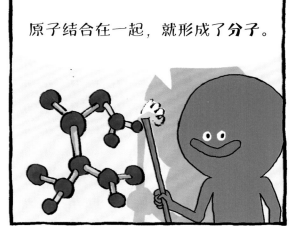

原子结合在一起，就形成了**分子**。

请把灯光调亮！

让我们凑近点看看冰。

它由两个氢原子和一个氧原子组成，这和液态水一样。

那它是怎么变成固体的呢？

简单！

物质可以改变状态，或者说形态。

物质的状态

物质的状态有三种：固态、液态和气态。

固体中的分子会振动，但它们以重复的模式排列，就像士兵队列一样。

液体中的分子移动起来更自由，就像一大群人在行走一样。

气体中的分子移动得更快，它们的行动也更加自由，就像在公园里滑冰的人一样。

那么，物质状态的改变是由什么导致的？

加热物质

但太多的热量就会让雪人变形!

它开始融化了。

它从固体变成了液体。

如果我们加入更多的热量,它就开始沸腾了,状态又一次发生了改变。

液体蒸发了,它变成了气体。

温度变化时,物质的状态也会发生改变。

温度是衡量物体所含热量多少的指标之一。

11

冷却物质

到目前为止，我们已经把固体变成了液体，又把液体变成了气体。

这一过程也可以反过来进行——从气体到液体再到固体。

试试这个。

要确保你的手是干净且干燥的。

现在，把你的手放在嘴巴前面，然后朝上面哈气。

你会感觉手湿湿的。为什么呢？答案是**液化**。

你呼出的气体中含有**水蒸气**，这是一种气体。当气体冷却时，分子会聚集在一起。

气体就变成了液体。

你的手比身体内部的温度要低，因此，当水蒸气接触到你的手时，就变成了液态水。

我们对窗户哈气时也能看到液化现象。你呼出的水蒸气被冷却，玻璃上就聚集了许多小液滴。

13

变来变去

物质可以在不同的状态之间变化。全世界每天都在发生这样的事情。

当液态水被太阳加热时，就会变成水蒸气。

当水蒸气升到高空时，它又开始冷却。随着温度降低，水蒸气分子的运动速度变慢，逐渐聚在一起，变成微小的液态水滴。

这些微小的水滴就形成了云。

水滴们聚在一起形成更大的水滴，水滴掉落到地球上，就是雨。

如果外面足够冷，雨在下落的过程中就会从液体变成固体，雪就形成了。

物理变化

物质的混合与分离

我们也可以把物质混合在一起，让它们发生物理变化。

多种物质以物理的方法混合就形成了混合物。

混合物可以是固体，也可以是液体或气体的组合。

三明治就是一种混合物。想象一下，为了制作午餐，你把面包、蔬菜和奶酪组合在了一起！

有些混合物更加复杂，比如海水。

海洋的起伏流动使得水和沙子均匀地混合。

但如果水体保持静止，比较大的沙子就会沉入水底。

这种混合物就叫作**悬浮液**。

悬浮液需要通过一种或两种物质的运动来保持混合。

当物质分离时，它就不再是悬浮液了。

化学变化

到目前为止，我们已经讨论了物质的物理变化。

当我对木头进行切割时，并没有改变它的基本性质。

但如果我把木头丢进火里，会发生什么呢？

火会让木头燃烧起来，这是**化学变化**。

化学变化会导致新的物质产生。

熏人的烟和灰烬是由木头里的碳原子、氢原子和氧原子等组成的。

但我们该如何确定物体正在发生化学变化呢？

砰 砰

一种方法是，检查一下是否有发光或发热的现象。如果出现了燃烧，它就在发生化学变化。

夹

另一种方法是看它的颜色是否发生了改变。

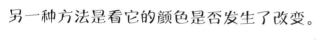

嘶

这片铁的表面生锈了。

唯

当铁与氧气发生化学反应时，会形成红棕色的氧化铁，也就是我们说的铁锈。

23

化学变化可能比你想象的要更普遍。来看看其他化学变化的例子吧！

当人类吃东西时，身体会把食物分解为基本的**营养素**。

绿色植物利用太阳的能量将二氧化碳和水结合，制造"食物"并储存起来。

植物利用"食物"中的能量来生存和生长。

光合作用

然后，人类和其他动物可以通过吃植物或吃以植物为食的动物来**吸收**这些能量。当然也可以通过燃烧植物来释放能量。

烹饪

当**微生物**在食物上繁殖并开始分解食物时，食物就会变质。

在这个过程中，微生物会产生气体和其他化学物质，导致食物的味道和气味发生变化。这些气体会让腐烂的食物很难闻。

呸！

食物变质

我们身边的物质变化

你见过别人烤面包吗？当你把生面团放进烤炉里会发生什么呢？

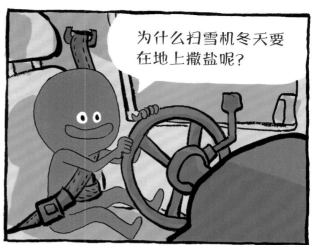

为什么扫雪机冬天要在地上撒盐呢？

盐可以阻止水分子结合在一起，这有助于冰的融化，也能避免水再次结冰。

如果我们不了解物质变化的基本原理……

那这些事情我们就一件也干不成了！

啪啪啪

27

物质的"超级"状态

来自世界各地的科学家都在研究物质及其不同的状态。

他们甚至发现了物质的"超级"状态！

超冷物质具有不同寻常的物质状态。

超流体是通过将原子冷却到极低温度产生的。

超流体是一种液体，但它的一些性质却像气体。

处于超流体状态的氦可以爬上容器的侧面，然后越过容器的边缘！

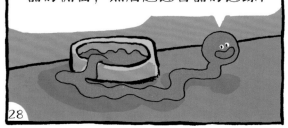

氦的密度比空气小。它是唯一一种在常压下不会变成固体的元素。

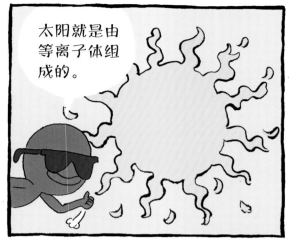

注：本书中所有的地球的图片仅为示意图，均为外版原书中的原图。——编者

时间线

古希腊哲学家恩培多克勒认为，一切物质都是由火、气、水和土四种元素组成的。

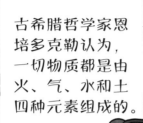

公元前429

瑞典化学家阿尔弗雷德·诺贝尔获得了炸药的专利，这是一种更为安全的炸药。

1867

1898

波兰裔法国物理学家玛丽·斯卡洛多斯卡·居里创造了"放射性"一词，用来描述某些物质发出射线的性质。

79

古罗马哲学家普林尼曾描述了铁锈。

1896

法国物理学家亨利·贝克勒尔发现，铀和含铀的矿物能够发出看不见的射线，它能穿透黑纸使照相底片感光。

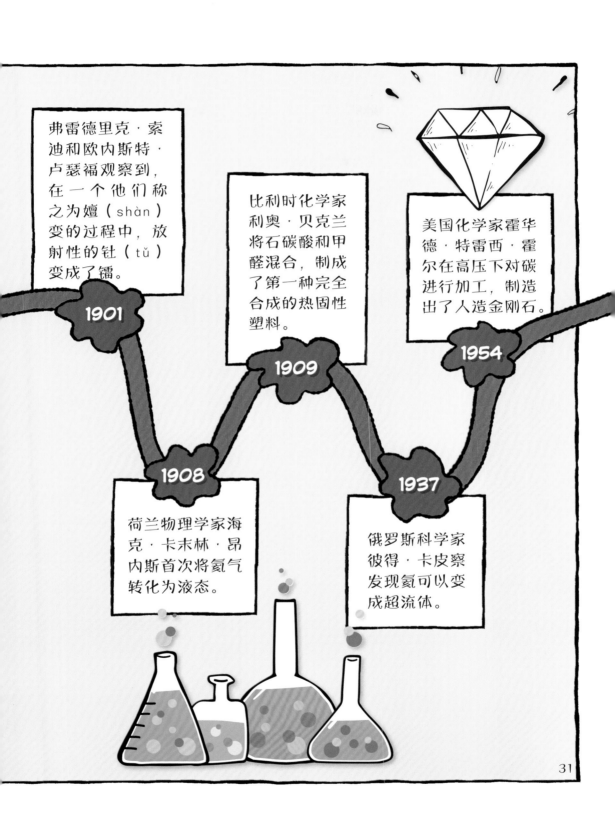

弗雷德里克·索迪和欧内斯特·卢瑟福观察到，在一个他们称之为嬗（shàn）变的过程中，放射性的钍（tǔ）变成了镭。

比利时化学家利奥·贝克兰将石碳酸和甲醛混合，制成了第一种完全合成的热固性塑料。

美国化学家霍华德·特雷西·霍尔在高压下对碳进行加工，制造出了人造金刚石。

1901

1909

1954

1908

1937

荷兰物理学家海克·卡末林·昂内斯首次将氦气转化为液态。

俄罗斯科学家彼得·卡皮察发现氦可以变成超流体。

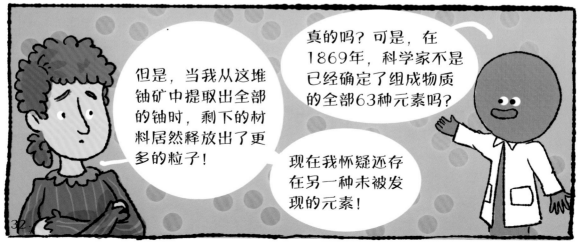

太好了，经过几个月的辛苦工作，我终于分离出了少量这种新元素！它能释放出高能粒子，就像铀一样。但是，它释放出的粒子更多！

据我推断，这种新元素是由铀释放粒子后产生的。这些粒子来自正在分解的铀原子。

我把铀的这种性质称为"放射性"！

哇！你把这种新元素叫什么？

我打算将它命名为钋（polonium），以此来纪念我的祖国波兰（poland）。

你很热爱你的祖国！

后来，科学家发现钋是由铀形成的。在今天，这个过程被称为放射性衰变——原子变成其他种类的原子！

注：在1869年，已知的化学元素只有63种。科学家曾相信，他们已经确定了组成物质的所有元素。但今天，已知的化学元素有118种。

人物档案

姓名：玛丽·斯卡洛多斯卡·居里
出生年份：1867年
出生地：波兰华沙
职业：科学家
成就：研究辐射和物质是如何发生变化的，从而使一种元素变成另一种元素。

你能相信吗？！

金属元素汞在室温下是液态。镓（jiā）的熔点很低，**你的体温就能将它融化！**

钻石和石墨看起来完全不同，但它们都是由同样的元素组成的——**碳**。

将**沸水变成水蒸气**所需的热量是将冰水煮沸所需**热量的5倍**以上。

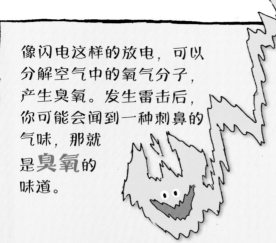

像闪电这样的放电，可以分解空气中的氧气分子，产生臭氧。发生雷击后，你可能会闻到一种刺鼻的气味，那就是**臭氧**的味道。

地球上大多数的**水**都以液体的形式存在。在常温下，其他常见物质中没有一种是液态的。

火星被称为"红色星球"。它真的是红色的，因为它的表面有氧化铁（铁锈）。

大多数物质在冷却时都会收缩（体积变小）。但是，当水被冷却时，在温度达到4摄氏度之前，它都会收缩。当温度低于4摄氏度时，水会膨胀。

所以，冰冻的水（冰）会浮在水面上。如果冰不能漂浮在液态水上，地球上就**不可能**有生命。

活动：变化的两种方式！

融化的冰雕、壮观的篝火、烤箱中的蛋糕、正在制作的奶昔、一场爆炸，这些都涉及物质的变化。有些是物理变化（形状或状态的变化），有些是化学变化（涉及化学反应的变化）。

拿出一张纸，对下面的每种变化做出判断，它们分别是什么？用字母P表示物理变化，用字母C表示化学变化。

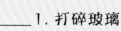

_____ 1. 打碎玻璃

_____ 2. 搭建游戏屋时切割木头

_____ 3. 自行车生锈了

_____ 4. 制作爆米花时融化黄油

_____ 5. 玻璃吹制师用玻璃制作雕塑

_____ 6. 香蕉上蘸上巧克力酱，再冷冻起来

_____ 7. 把沙子从砾石中分开

_____ 8. 食物变质

_____9. 烤吐司
_____10. 用盐水漱口治疗喉咙痛
_____11. 将柠檬水粉末与水混合
_____12. 打发奶油
_____13. 水从池塘中蒸发

_____14. 割草
_____15. 燃烧树叶
_____16. 用加湿器给空气加湿
_____17. 腐蚀金属
_____18. 漂白头发

_____19. 烟花爆炸
_____20. 榨橙汁
_____21. 煎鸡蛋
_____22. 在燕麦片上倒牛奶

答案见第38页。

1. P	12. P
2. P	13. P
3. C	14. P
4. P	15. C
5. P	16. P
6. P	17. C
7. P	18. C
8. C	19. C
9. C	20. P
10. P	21. C
11. P	22. P

词汇表

分子
两个或两个以上的原子通过化学键结合在一起就形成了分子。

化学变化
物质被转化为一种或多种具有不同性质的新物质的过程。

溶液
一种物质完全溶解于另一种物质形成的混合物。

水蒸气
气体状态的水。

微生物
一类体积极小的生命有机体。

物理变化
物质的形状或状态发生改变。

物质的状态
物质的不同形式，常见的有固态、液态和气态。

吸收
吸入并保存而非反射。

性质
物质本身的特点。

悬浮液
由液体和固体组成的非均质（不均匀）混合物，其中固体在不受扰动的情况下会沉降到底部。

液化
从气体变为液体的过程。

营养素
有营养的物质，是食物的组成成分。

元素
质子数量相同的一类原子的总称。

原子
物质的基本单位之一。

蒸发
从液体变成气体的过程。

MATTER AND HOW IT CHANGES by Joseph Midthun; illustrated by Samuel Hiti.
BUILDING BLOCKS OF PHYSICAL SCIENCE. Matter and How It Changes © 2023 World Book, Inc.
All rights reserved. This book may not be reproduced in whole or part in any form without prior
written permission from the Publisher.
WORLD BOOK and GLOBE DEVICE are registered trademarks or trademarks of World Book, Inc.
Chinese edition copyright: 2024 China South Booky Culture Media Co., LTD. All rights reserved.
This edition arranged with WORLD BOOK, INC.

著作权合同登记号：图字 18-2024-003

图书在版编目（CIP）数据

这就是物理 ：升级新版. 物质及其变化 /（美）约
瑟夫·米森著 ；（美）萨缪·希提绘 ；周思益译. —— 长
沙 ：湖南少年儿童出版社，2024.5
    ISBN 978-7-5562-7558-8

Ⅰ. ①这… Ⅱ. ①约… ②萨… ③周… Ⅲ. ①物质—
变化—青少年读物 Ⅳ. ①O4-49

中国国家版本馆CIP数据核字（2024）第071295号

ZHE JIUSHI WULI SHENGJI XINBAN WUZHI JIQI BIANHUA

这就是物理 升级新版 物质及其变化

[美]约瑟夫·米森 著 [美]萨缪·希提 绘 周思益 译

责任编辑：张 新 李 炜	策划出品：李 炜 张苗苗
策划编辑：王 伟	特约编辑：张丽静
营销支持：付 佳 杨 朔 苗秀花	版权支持：王立萌
封面设计：主语设计	版式排版：霍雨佳
项目支持：蔡嘉琪 张思齐	

出 版 人：刘星保
出　　　版：湖南少年儿童出版社
地　　　址：湖南省长沙市晚报大道 89 号
邮　　　编：410016
电　　　话：0731-82196320
常年法律顾问：湖南崇民律师事务所 柳成柱律师
经　　　销：新华书店
开　　本：715 mm×980 mm　1/16　　　印　　刷：河北尚唐印刷包装有限公司
字　　数：23 千字　　　　　　　　　　　　印　　张：2.5
版　　次：2024 年 5 月第 1 版　　　　　　　印　　次：2024 年 5 月第 1 次印刷
书　　号：ISBN 978-7-5562-7558-8　　　　　定　　价：179.00 元（全 10 册）

若有质量问题，请致电质量监督电话：010-59096394　团购电话：010-59320018

这就是物理 ^{升级新版}

[美]约瑟夫·米森 著　[美]萨缪·希提 绘　周思益 译

ENERGY 能量

湖南少年儿童出版社
HUNAN JUVENILE & CHILDREN'S PUBLISHING HOUSE
小博集 BOOKY KIDS
WORLD BOOK

·长沙·

推荐序

我很荣幸担任了这套书的翻译和审校工作。我经常自称是幼儿园园长，但当我真正参与了与小朋友有关的工作，又是诚惶诚恐，生怕自己哪个字或词语会让小朋友感到难以理解。经过深思熟虑后，我还是决定以直译的方式来翻译这套书，并在语气方面尽量贴合小朋友的表达习惯。

收到这套书后，我最先翻译的是《力和运动》。翻开书的那一刻我就被震惊到了，这是什么，这些简直是会说话的图形呀！力是方头五边形，运动是尖头四边形。我被这一对淘气、可爱的好朋友吸引了，跟着他们，我又重拾了儿时的乐趣，重温了那段温馨的时光。

这套书，共分为10册，用孩子们喜欢的漫画形式，生动地讲解了很多有趣的物理学知识。让孩子们，在不看任何物理学公式的情况下，就能掌握丰富的物理学知识。有些内容采用"对话式"的行文方式，不仅提升了这套书的可读性和趣味性，还拉近了物理学知识与读者之间的距离。有些内容则采用与"读者聊天"的方式展开，书中的这些小人物仿佛带领着孩子们，在物理世界里进行着他们梦寐以求的"研学游"。

在内容编排方面，这套书的内容极为丰富，包含了力和运动、引力、声音、能量、物质的性质及变化、光、电、热和磁，但书中涉及的知识点并不深奥，只要有一颗充满好奇的心就能跟着书中的人物一起去发现自然界的奥秘。非常适合幼儿园和小学低年级的小朋友们阅读。

希望这套书能唤起孩子们的好奇心，引导孩子们体会到物理世界的有趣之处和可爱之处。

——周思益　重庆大学物理学院副教授

目 录

什么是能量？

4

能量可以做什么？

能量还能改变物体的形态。

如果你想把这根金属棒拧弯，就需要用到我。

当你点燃木头时，火焰的热能把木头烧成了灰烬。

如果你把一壶水放在火上，水最终会沸腾。

热能使水沸腾，把一部分水从液体变成了气体。

看，这就是能量！

能量来自哪里？

地球上几乎所有的能量都来自太阳。想一想吧。

正是因为有了来自太阳的光能和热能，地球上才能有生命存在。

植物利用来自太阳的能量生产"食物"。

它们又利用这种"食物"中的能量来生存和生长。

许多动物通过吃植物来获得能量。

你也是这些动物中的一员！

从本质上说，即使是以其他动物为食的动物，它们的能量也来自植物。

如果没有植物来收集这些能量，动物们就会有大麻烦！

能量的形式

能量有许多不同的形式。

热能可以给房子供暖、运转机器、熔化材料和发电。我们可以通过生火或者化学反应来制造热能。

在晴朗的日子里，你能感受到来自太阳的热能。

光能不仅来自太阳，也可以来自灯或电脑屏幕等物体。

光能

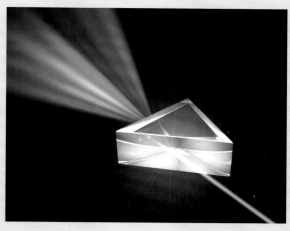

声音也是能量的一种形式。当你把这句话大声朗读出来时，你就在使用声能！

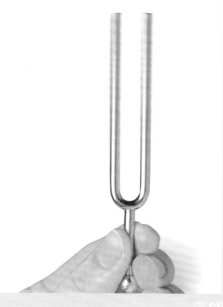

声能

运动是另一种形式的能量。哪怕是翻翻书页，你也在使用**动能**。

你可能想到了，电就是电能。电能可以为你家里几乎所有的电器和电子产品提供动力。

你见过自然界中的电吗？没错！闪电也是电能的一种形式！

电能

化学能

化学能可以为许多交通工具提供动力。大多数车辆通过燃烧燃料来释放其中的化学能。

化学能也存在于你的身体里。它来自你吃的食物。

13

能量的储存

你已经知道能量在被使用时的表现了。

当我跨过这些障碍物时,

我是在利用动能来提升奔跑的速度。

太棒了!

能量也可以被储存起来,在需要的时候使用!这被称为**势能**。

势能

就拿这个发条玩具来举例吧!

当我给它上发条时,玩具内的弹簧的弹性势能会不断增加。

拧芝拧

当我松开发条时,弹簧的弹性势能就会转化为玩具的动能。

弹簧慢慢释放,玩具小狗动起来了!

汪汪汪

但是如果我把发条上得太紧……

人们每时每刻都在使用势能。

手机是由电池供能的。

我们身边的很多物品都需要电池来供能。

汪
汪
汪

电池里存储了化学能，并以电能的形式释放。

势能也可以在自然界中找到。

煤炭中储存着化学能。

铲

铲

当我们燃烧煤炭时，它的化学能就转化成了热能。

势能帮助我们储存能量，以供以后使用。

15

能量的转化

关于能量，你需要知道：它是无法被消灭的！

能量不能被创造或是消灭。它只会转化成不同形式。

你知道你的身体是如何转化能量的吗？在你吃饭时会发生什么？

你的身体会将食物中的化学能转化为你在运动时需要的动能！

当然，自然界中也有能量的转化。

一些深海水母可以将化学能转化为光能，这样它们就能在黑暗中发光了。

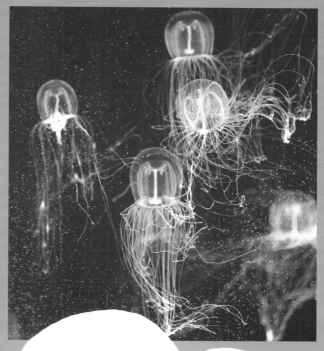

一些昆虫同样也可以将化学能转化为光能。看看这只萤火虫……

它正闪烁着光芒来吸引配偶。

每种生物对能量的利用都不尽相同！

人类是怎么使用能量的？

电脑和电视机离不开电能。

用来照明的电灯也是！

还有音乐播放器，它使用的是电池中存储的电能。

我们做的很多事情都需要电。

我们还可以将其他形式的能量转化为电能。

这些能量又来自哪里呢？

19

化石燃料

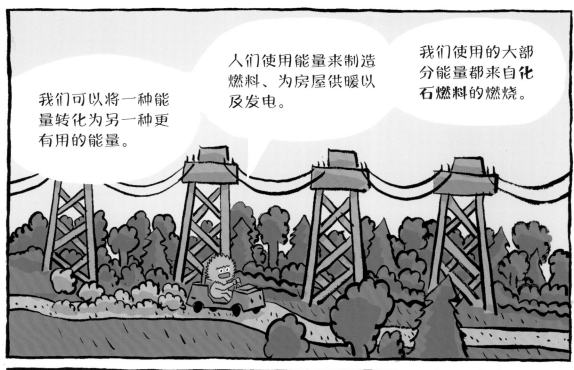

我们可以将一种能量转化为另一种更有用的能量。

人们使用能量来制造燃料、为房屋供暖以及发电。

我们使用的大部分能量都来自**化石燃料**的燃烧。

化石燃料是由数百万年前死去的生物的遗骸形成的。

煤炭、石油和天然气都是化石燃料，并且它们都蕴含着大量的能量。

煤炭是一种可以燃烧的黑色或者棕色的岩石。被开采出来的煤炭，大部分被用来发电了。

天然气通常被用来给房屋供暖和烹饪食物。

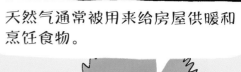

石油被制成了车辆使用的汽油和家用燃油。

化石燃料的形成需要数百万年的时间。

化石燃料一旦用完，就没有了。

所以，人们称它们为**不可再生能源**。

可再生能源

有一些能源可以在较短的时间内更新、再生，或者循环使用，它们被称作**可再生能源**。

来自太阳的能量就是可再生能源。

太阳每天都会出现！

太阳的能量可以用来供热和制造电能。

太阳给地球的热量，会使空气流动。

这种流动的空气，就是风！风也是一种可再生能源。

人们利用**涡轮机**将风的能量转化为电能。

22

流动的水也可以
用来发电。

来自地球内部的热能也
是可再生能源。

地球有一个炽
热的核心。

人们可以利用这些热
能来发电或取暖。

间歇泉

23

使用能源的影响

大多数的科学家认为，这些气体正在让地球变暖。我们叫它们温室气体。

酸雨也是由空气污染引起的。它会危害森林、河流、湖泊和溪流，以及生活在这些地方的野生生物。

雾霾是一种影响着许多大型城市的空气污染。一些呼吸问题及其他疾病都是由雾霾引起的。

节约能源

日常出行时，你和你的家人可以用骑自行车代替开车。

你还可以选择乘坐公共交通工具。

减少能源使用，从自我做起，从点滴小事做起，这或许会带动身边的人一起行动起来！

能源使用的未来

如今，人们正在努力制造与化石燃料一样用处广泛，但危害更小的可再生能源。

每年，科学家都会制造出更强大的太阳能电池板，用来收集来自太阳的能量。

并将这些能量转化为电能。

人们甚至已经造出了能够利用太阳能的飞机！

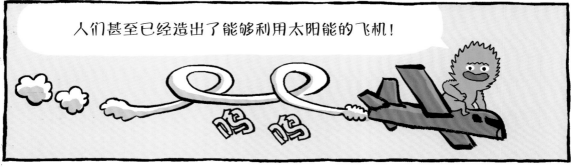

生物燃料是由植物和其他天然物质制成的燃料。它们可以用来代替化石燃料。

由玉米制成的生物燃料已经被用在许多汽车上了。

科学家正在研究一些比玉米生长速度更快、更容易栽培的植物，将来它们也会被制成生物燃料。

时间线

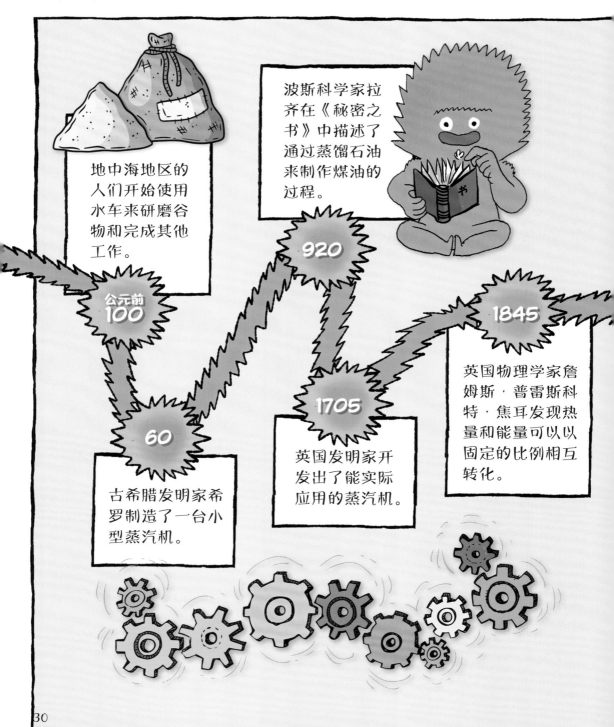

地中海地区的人们开始使用水车来研磨谷物和完成其他工作。

波斯科学家拉齐在《秘密之书》中描述了通过蒸馏石油来制作煤油的过程。

公元前 **100**

920

60

古希腊发明家希罗制造了一台小型蒸汽机。

1705

英国发明家开发出了能实际应用的蒸汽机。

1845

英国物理学家詹姆斯·普雷斯科特·焦耳发现热量和能量可以以固定的比例相互转化。

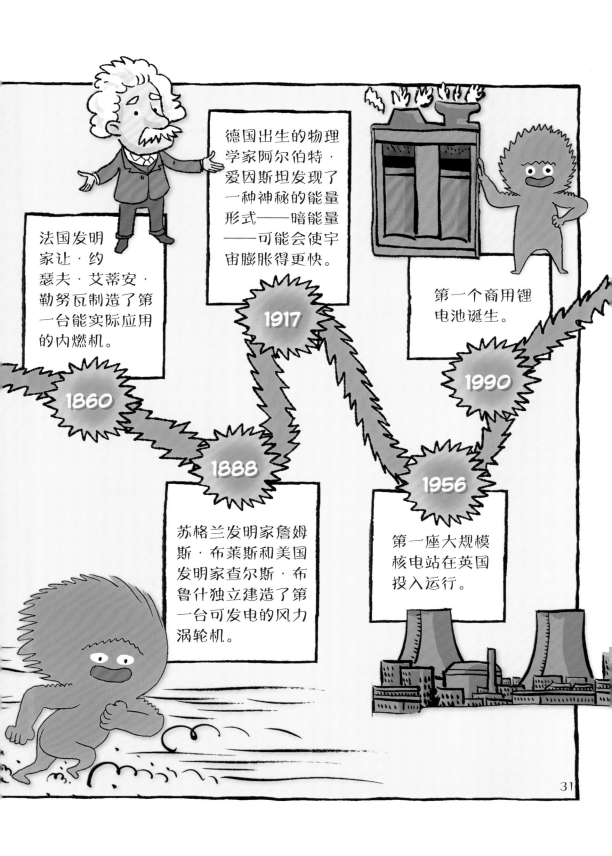

法国发明家让·约瑟夫·艾蒂安·勒努瓦制造了第一台能实际应用的内燃机。

德国出生的物理学家阿尔伯特·爱因斯坦发现了一种神秘的能量形式——暗能量——可能会使宇宙膨胀得更快。

第一个商用锂电池诞生。

1917

1860

1990

1888

1956

苏格兰发明家詹姆斯·布莱斯和美国发明家查尔斯·布鲁什独立建造了第一台可发电的风力涡轮机。

第一座大规模核电站在英国投入运行。

31

名人录：詹姆斯·普雷斯科特·焦耳

33

实验：太阳能收集器！

太阳能来自太阳，我们可以用它来供热和发电，而且不会产生污染。太阳能非常丰富，但也非常分散。这些能量必须被收集和集中，才能利用。

你可以自己动手制作一个太阳能收集器，看看它是如何工作的。在一个阳光灿烂的日子试试这个小实验吧！

你需要的材料：
· 一张透明的塑料布或者保鲜膜
· 水　　·温度计
· 一个烤盘
· 一个黑色塑料袋
· 剪刀

步骤1：

用剪刀将黑色塑料袋剪成和烤盘底部一样的大小，并将它放在烤盘底部。然后在烤盘中装入约1.25厘米深的水。

步骤2：

用温度计测量水温，并记录下来。如果你没有温度计，可以用手指试试水温。

步骤3：

将透明塑料布或者保鲜膜盖在烤盘上，并将烤盘放在阳光充足的地方，静置一小时。

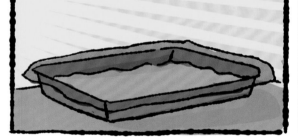

步骤4：

一小时后，取下塑料片或者保鲜膜。用温度计测量水温。

水温在一个小时内升高了多少？它和外界空气的温度相比如何？

用于发电的太阳能收集器的原理与此相同！水将来自太阳的能量收集并保存下来。这些能量以热能的形式存在，可以被用来发电。

你能相信吗？！

最节能的交通方式是**骑自行车**。

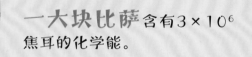**一大块比萨**含有$3×10^6$焦耳的化学能。

能量可能会从一种形式转化为另一种形式。但是这种转化并不完美——总会有一些能量以**热能**的形式流失。

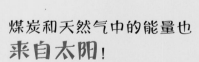

太阳**每秒钟**释放$3.8×10^{26}$焦耳的能量！也许那一片比萨不算太大……

煤炭和天然气中的能量也**来自太阳**！形成这些燃料的生物在数百万年前从太阳那里获得了能量。

词汇表

不可再生能源
一旦用掉无法补充的能源。化石燃料是不可再生能源。

大气层
与地球表面接触并延伸至高空的气体混合物。

动能
物体由于运动而具有的能量。

化石燃料
是由数百万年前死去的生物的遗骸形成的。化石燃料包括煤炭、天然气和石油。

化学能
储存在组成化学物质的分子（最小组成部分）中的能量。

焦耳
能量的单位。

可再生能源
可以在较短时间内更新、再生，或者循环使用的能源。

生物燃料
由生物制成的能产生能量的物质。

势能
储存在一个物体或系统中的，可以转化为动能的能量。

酸雨
酸性的雨，是由空气污染形成的。

涡轮机
一种引擎或发动机，有能够被液态水、水蒸气或空气带动旋转的轮子。涡轮机通常用来带动发电机发电。

雾霾
一种空气污染，类似于空气中烟和雾的混合体。

污染
有害物质混入空气、土壤、水源等而造成的危害。

营养素
有营养的物质，是食物的组成成分。

运动
物体位置的改变。

著作权合同登记号：图字 18-2024-003

图书在版编目（CIP）数据

这就是物理：升级新版. 能量 /（美）约瑟夫·米
森著 ；（美）萨缪·希提绘 ；周思益译. -- 长沙：湖
南少年儿童出版社，2024.5
　　ISBN 978-7-5562-7558-8

　Ⅰ. ①这… Ⅱ. ①约… ②萨… ③周… Ⅲ. ①能—青
少年读物 Ⅳ. ①O4-49

中国国家版本馆CIP数据核字（2024）第071180号

ZHE JIUSHI WULI SHENGJI XINBAN NENGLIANG
这就是物理　升级新版　能量
[美] 约瑟夫·米森　著　　[美] 萨缪·希提　绘　　周思益　译

责任编辑：张　新　李　炜　　　　　　策划出品：李　炜　张苗苗
策划编辑：王　伟　　　　　　　　　　特约编辑：张丽静
营销支持：付　佳　杨　朔　苗秀花　　版权支持：王立萌
封面设计：主语设计　　　　　　　　　版式排版：霍雨佳
项目支持：白若然　张思齐

出 版 人：刘星保
出　　版：湖南少年儿童出版社
地　　址：湖南省长沙市晚报大道 89 号
邮　　编：410016
电　　话：0731-82196320
常年法律顾问：湖南崇民律师事务所 柳成柱律师
经　　销：新华书店
开　　本：715 mm×980 mm　1/16　　　印　　刷：河北尚唐印刷包装有限公司
字　　数：23 千字　　　　　　　　　　印　　张：2.5
版　　次：2024 年 5 月第 1 版　　　　　印　　次：2024 年 5 月第 1 次印刷
书　　号：ISBN 978-7-5562-7558-8　　　定　　价：179.00 元（全 10 册）

若有质量问题，请致电质量监督电话：010-59096394　团购电话：010-59320018

这就是物理 升级新版

[美]约瑟夫·米森 著　[美]萨缪·希提 绘　周思益 译

SOUND 声音

CNS　湖南少年儿童出版社　小博集　WORLD BOOK
HUNAN JUVENILE & CHILDREN'S PUBLISHING HOUSE　BOOKY KIDS

·长沙·

推荐序

　　我很荣幸担任了这套书的翻译和审校工作。我经常自称是幼儿园园长，但当我真正参与了与小朋友有关的工作，又是诚惶诚恐，生怕自己哪个字或词语会让小朋友感到难以理解。经过深思熟虑后，我还是决定以直译的方式来翻译这套书，并在语气方面尽量贴合小朋友的表达习惯。

　　收到这套书后，我最先翻译的是《力和运动》。翻开书的那一刻我就被震惊到了，这是什么，这些简直是会说话的图形呀！力是方头五边形，运动是尖头四边形。我被这一对淘气、可爱的好朋友吸引了，跟着他们，我又重拾了儿时的乐趣，重温了那段温馨的时光。

　　这套书，共分为10册，用孩子们喜欢的漫画形式，生动地讲解了很多有趣的物理学知识。让孩子们，在不看任何物理学公式的情况下，就能掌握丰富的物理学知识。有些内容采用"对话式"的行文方式，不仅提升了这套书的可读性和趣味性，还拉近了物理学知识与读者之间的距离。有些内容则采用与"读者聊天"的方式展开，书中的这些小人物仿佛带领着孩子们，在物理世界里进行着他们梦寐以求的"研学游"。

　　在内容编排方面，这套书的内容极为丰富，包含了力和运动、引力、声音、能量、物质的性质及变化、光、电、热和磁，但书中涉及的知识点并不深奥，只要有一颗充满好奇的心就能跟着书中的人物一起去发现自然界的奥秘。非常适合幼儿园和小学低年级的小朋友们阅读。

　　希望这套书能唤起孩子们的好奇心，引导孩子们体会到物理世界的有趣之处和可爱之处。

——周思益　重庆大学物理学院副教授

目 录

什么是声音?

声音是如何产生的?

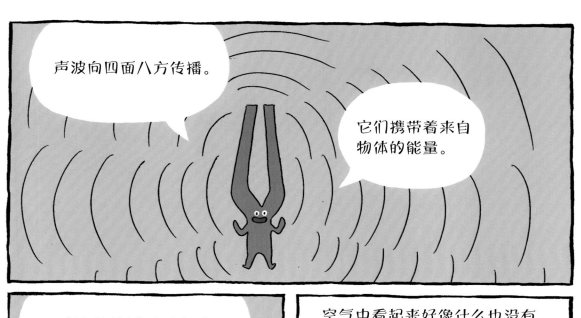

声波向四面八方传播。

它们携带着来自物体的能量。

声音的传播需要介质。

空气中看起来好像什么也没有，但实际上，它是由无数微小的空气粒子组成的。

这些空气粒子会随着我的能量振动。

振动会穿过空气粒子，一直传到你的耳朵里！

我们如何听见声音？

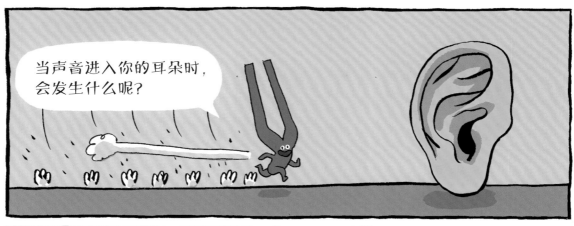

当声音进入你的耳朵时，会发生什么呢？

让我们进去看一看吧！

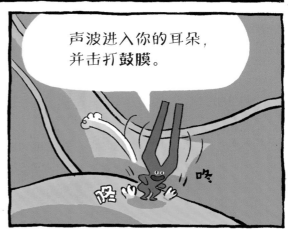

声波进入你的耳朵，并击打鼓膜。

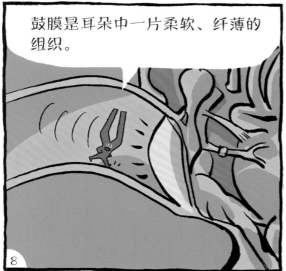

鼓膜是耳朵中一片柔软、纤薄的组织。

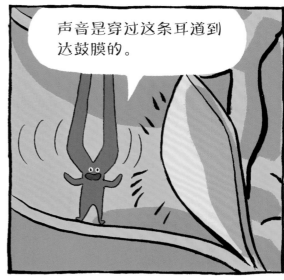

声音是穿过这条耳道到达鼓膜的。

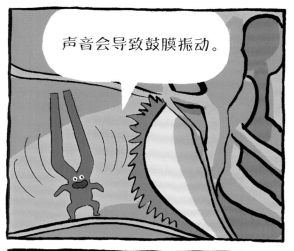

声音会导致鼓膜振动。

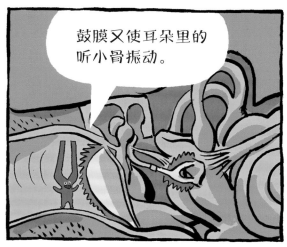

鼓膜又使耳朵里的听小骨振动。

听小骨又将声音传送到耳朵深处的一个弯弯曲曲的管道中，这个管道叫作**耳蜗**。

耳蜗里充满了液体。当声波穿过液体时，它们会使里面细小的纤毛弯曲。

弯曲的纤毛又促使神经向大脑发送信号。

听觉中枢

你的大脑利用这些信号来感受声音。

9

声音的传播

声音可以穿过任何状态的物质——气体、固体或液体。

但我在固体和液体中的传播速度比在空气中的要快。

这是因为固体和液体中的粒子比空气中的，更紧密。

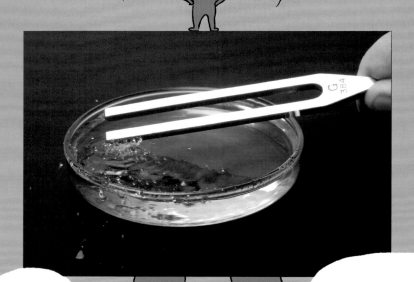

听！

你可能现在就能听到从某个地方传来的声音……

声音的吸收

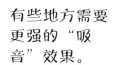
有些地方需要更强的"吸音"效果。

录音棚、歌剧院和舞厅在建造时都需要考虑到对声音的控制。

在这个音乐厅里,每个座椅上都装有吸音垫。

即使座位上没人,它吸收的声音也和有人坐在那里时一样多。

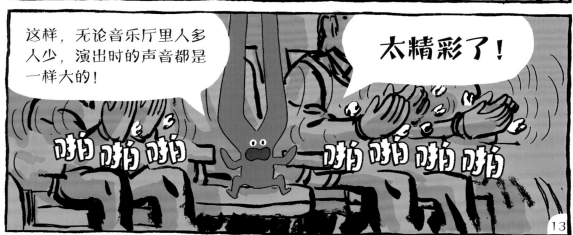
这样,无论音乐厅里人多人少,演出时的声音都是一样大的!

太精彩了!

啪 啪 啪   啪 啪 啪 啪

回声是如何产生的？

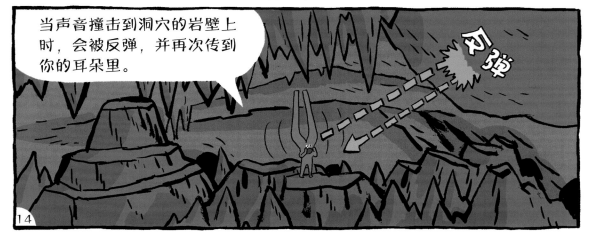

许多动物的听力比人类的好，它们也更容易听到回声！

有些动物利用回声来导航和捕食。蝙蝠、海豚和鲸鱼都会使用**回声定位**。

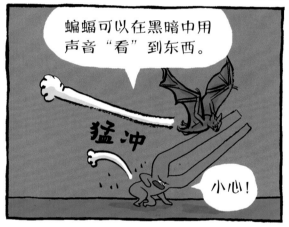

蝙蝠可以在黑暗中用声音"看"到东西。

猛冲

小心！

蝙蝠会发出高频率的声音，然后接收反射回来的声音。

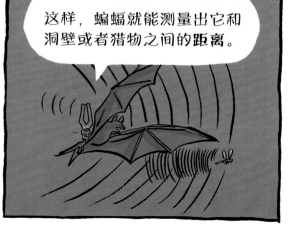

这样，蝙蝠就能测量出它和洞壁或者猎物之间的**距离**。

海豚和鲸鱼利用回声定位来感知物体和其他海洋生物。

15

人类已经开发出了有回声定位功能的工具。

声呐是一种利用声能在水下寻找物体的系统。

声呐（sonar）这个词是声音导航（sound navigation）与测距（ranging）的缩写。

声呐通常与用来寻找潜艇的设备相配合，但它能做的不止这些……

电子设备发出"砰"的声音，并接收这个声音的回声。

声呐系统还有许多其他用途，比如绘制海底地图、发现鱼群和追踪鲸鱼等。

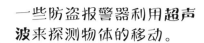
一些防盗报警器利用**超声波**来探测物体的移动。

超声波是一种声音，但它的频率高于人类的听觉频率。

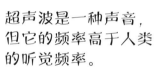

医生可以利用超声波机器来检查你的身体！

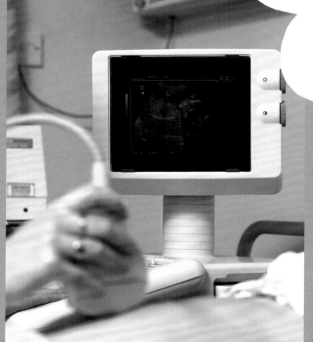

声波

声波的形状可以告诉我们声音的性质。

声波的形状有点像起伏的海浪。

有高点，也有低点。

声波的最高点叫作**波峰**。

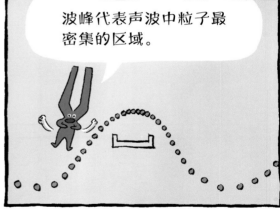

波峰代表声波中粒子最密集的区域。

声波的最低点叫作**波谷**。

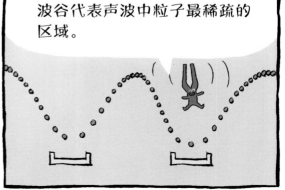

波谷代表声波中粒子最稀疏的区域。

声波也很像玩具弹簧中的线圈。

我们一起来观察一下，玩具弹簧掉下去的过程！

线圈先是挤在一起，然后又分开了。

挤在一起时的线圈就像波峰。

分开时的线圈就像波谷！

19

声音的大小

你知道一种特别响亮的声音是怎样的吗？

响亮的声音通常具有更多的能量。

振幅能够反映声波能量的大小。

音调的高低

声音可以很高……

也可以很低。

你有没有想过，是什么决定了声音的高低？

频率。

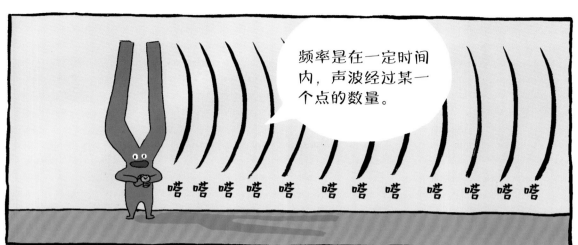

23

频率的单位
是**赫兹**。

你可以用示波器
测量声音的频率！

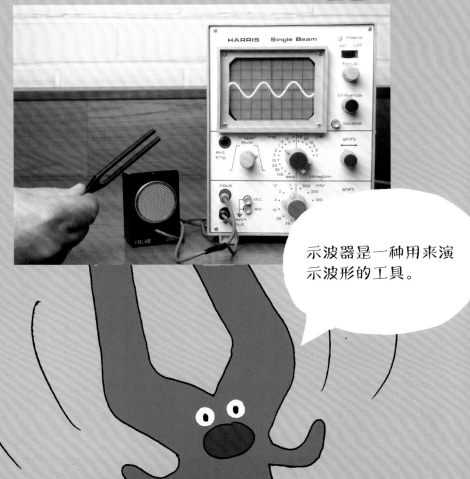

示波器是一种用来演
示波形的工具。

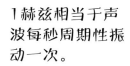
1赫兹相当于声波每秒周期性振动一次。

多数人能够听到的频率范围大约是20赫兹～20,000赫兹。

嘎吱 嘎吱

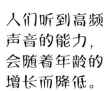
人们听到高频声音的能力，会随着年龄的增长而降低。

助听器可以帮助人们重新听到他们可能已经听不到的频率！

25

人类听不到这种哨子发出的高频声音。

但，狗可以！

有些动物比人类更容易听到微弱的声音。

仓鸮（xiāo）就能听到猎物轻巧的脚步声。

这样，仓鸮就能在黑暗的环境中进行捕食。

我们为什么要研究声音？

时间线

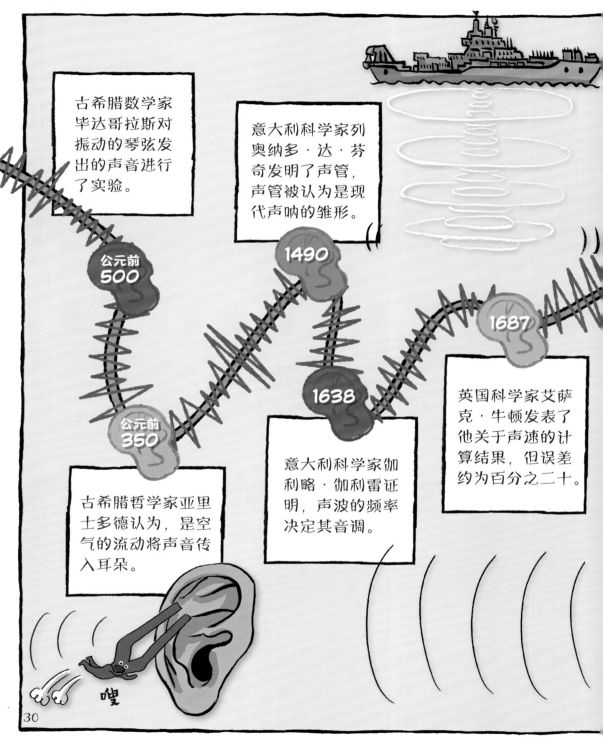

古希腊数学家毕达哥拉斯对振动的琴弦发出的声音进行了实验。

意大利科学家列奥纳多·达·芬奇发明了声管，声管被认为是现代声呐的雏形。

公元前 500

1490

1687

公元前 350

1638

古希腊哲学家亚里士多德认为，是空气的流动将声音传入耳朵。

意大利科学家伽利略·伽利雷证明，声波的频率决定其音调。

英国科学家艾萨克·牛顿发表了他关于声速的计算结果，但误差约为百分之二十。

嗖

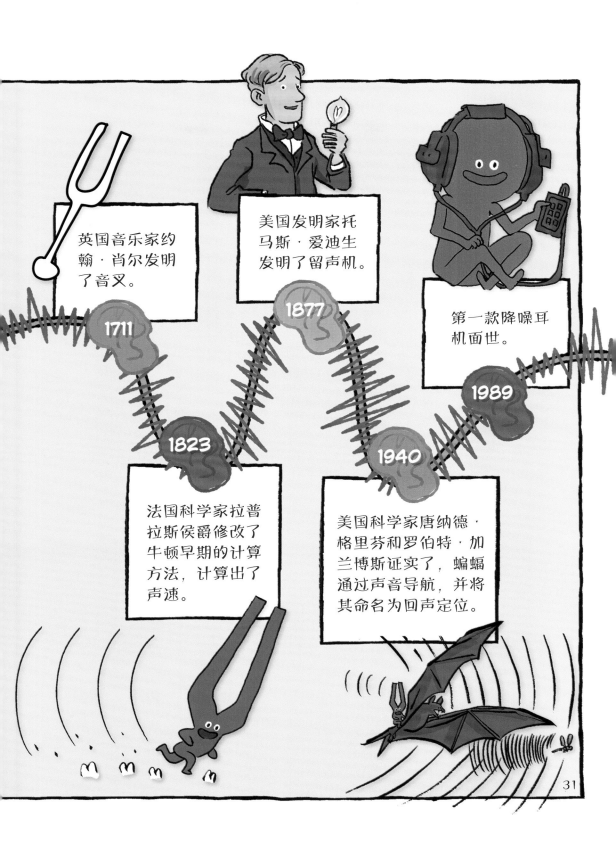

英国音乐家约翰·肖尔发明了音叉。

1711

美国发明家托马斯·爱迪生发明了留声机。

1877

第一款降噪耳机面世。

1989

1823

法国科学家拉普拉斯侯爵修改了牛顿早期的计算方法，计算出了声速。

1940

美国科学家唐纳德·格里芬和罗伯特·加兰博斯证实了，蝙蝠通过声音导航，并将其命名为回声定位。

名人录：唐纳德·格里芬和罗伯特·加兰博斯

你能相信吗？！

鱼也能发出声音！有些鱼类通过振动一种叫作鳔的特殊器官，来发出咕噜咕噜、咯咯咯或呱呱呱的声音。

有些喷气式飞机的**速度超过音速！**它们在飞行时会产生轰鸣的音爆。

一种名为"**协和式**"的客机曾以超音速飞越大西洋，但它们已于2003年退役。

环境中声音过多被称为**噪声污染**。噪声污染会给野生动物造成压力和困扰。

分贝（dB）是用来度量声音强度的单位。呼吸声大约是10分贝。通常人们的说话声大约是50分贝。**喷气式飞机起飞**的声音大约是150分贝！

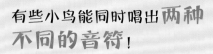

有些小鸟能同时唱出**两种不同的音符**！

声音在15摄氏度的空气中的**传播速度**是每秒340米。

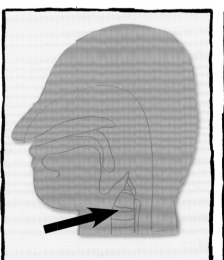

人类是通过喉咙中一个叫作**喉**的部位发出声音的。

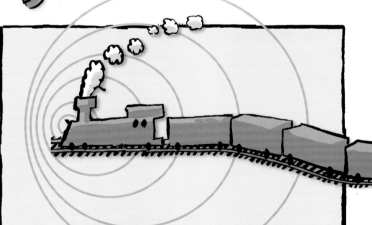

声源与观察者相互靠近或远离时，接收到的声音频率会发生变化。人们把这种现象叫作**多普勒效应**。当火车**向你开过来时**，多普勒效应会使火车的音调变高。

实验：声波模型

声音通过空气传播到我们的耳朵。空气粒子会振动，但不会随着声波移动。这个模型将向你展示声波的传播。

第一步：剪6根绳子，每根长25厘米，用胶带将每根绳子的一端固定在一颗玻璃弹珠上。

第二步：将每根绳子的另一端绑在衣架的横杆上，每根绳子之间留出约2.5厘米的距离。

第三步：把衣架挂起来。拉起一端的弹珠并松手，让弹珠撞击下一颗弹珠。看看会发生什么。

第四步：每颗弹珠撞击下一颗弹珠，下一颗弹珠则向旁边摆动，再击中下一颗弹珠，如此反复。但弹珠本身在衣架上的位置不会改变。

第五步：声音在空气中的传播方式与弹珠相同。振动会使一个空气粒子左右移动，然后撞上相邻的粒子，紧接着相邻的粒子以同样的方式左右移动，再撞上更远处的粒子，依次进行下去。

词汇表

波峰
声波的最高点，代表声波中粒子最密集的区域。

波谷
声波的最低点，代表声波中粒子最稀疏的区域。

超声波
一种频率超出人类听觉范围的声音。

耳蜗
内耳的一个螺旋形空腔。

反射
将光、热、声音或其他形式的能量反射。当能量或物体从表面反弹时，就会发生反射。

鼓膜
耳朵中随着声音振动的部分。

赫兹
频率的单位，1赫兹相当于声波每秒周期性振动1次。

回声
反射回来的声音。

回声定位
某些动物利用声音来感知周围环境。例如，蝙蝠和海豚。

距离
两点在空间上相隔的长度。

频率
在一定时间内经过某点的声波或光波的数量。

散射
分开，向不同的方向运动。

声波
在空气或水等物质中以振动形式传播的能量。

物质的状态
物质的不同形式，常见的有固态、液态和气态。

吸收
吸入并保持而非反射。

音调
声音的高低。

振幅
能够反映波中能量的多少。

著作权合同登记号：图字 18-2024-003

图书在版编目（CIP）数据

这就是物理：升级新版. 声音 /（美）约瑟夫·米
森著；（美）萨缪·希提绘；周思益译. -- 长沙：湖
南少年儿童出版社，2024.5
　　ISBN 978-7-5562-7558-8

Ⅰ. ①这… Ⅱ. ①约… ②萨… ③周… Ⅲ. ①声—青
少年读物 Ⅳ. ①O4-49

中国国家版本馆CIP数据核字（2024）第070669号

ZHE JIUSHI WULI SHENGJI XINBAN SHENGYIN

这就是物理　升级新版　声音

[美] 约瑟夫·米森 著　　[美] 萨缪·希提 绘　周思益 译

责任编辑：张 新 李 炜　　　　　　策划出品：李 炜 张苗苗
策划编辑：王 伟　　　　　　　　　特约编辑：张丽静
营销支持：付 佳 杨 朔 苗秀花　　版权支持：王立萌
封面设计：主语设计　　　　　　　版式排版：霍雨佳
项目支持：蔡嘉琪 张思齐

出 版 人：刘星保
出　　版：湖南少年儿童出版社
地　　址：湖南省长沙市晚报大道89号
邮　　编：410016
电　　话：0731-82196320
常年法律顾问：湖南崇民律师事务所 柳成柱律师
经　　销：新华书店
开　　本：715 mm×980 mm　1/16　　　印　　刷：河北尚唐印刷包装有限公司
字　　数：23 千字　　　　　　　　　　印　　张：2.5
版　　次：2024 年 5 月第 1 版　　　　印　　次：2024 年 5 月第 1 次印刷
书　　号：ISBN 978-7-5562-7558-8　　定　　价：179.00 元（全 10 册）

若有质量问题，请致电质量监督电话：010-59096394　团购电话：010-59320018

这就是物理 升级新版

[美]约瑟夫·米森 著　　[美]萨缪·希提 绘　　周思益 译

LIGHT 光

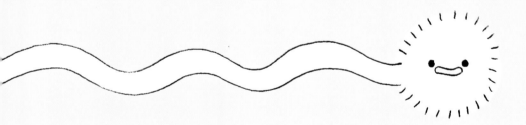

湖南少年儿童出版社
HUNAN JUVENILE & CHILDREN'S PUBLISHING HOUSE

小博集
BOOKY KIDS

WORLD BOOK

·长沙·

推荐序

　　我很荣幸担任了这套书的翻译和审校工作。我经常自称是幼儿园园长，但当我真正参与了与小朋友有关的工作，又是诚惶诚恐，生怕自己哪个字或词语会让小朋友感到难以理解。经过深思熟虑后，我还是决定以直译的方式来翻译这套书，并在语气方面尽量贴合小朋友的表达习惯。

　　收到这套书后，我最先翻译的是《力和运动》。翻开书的那一刻我就被震惊到了，这是什么，这些简直是会说话的图形呀！力是方头五边形，运动是尖头四边形。我被这一对淘气、可爱的好朋友吸引了，跟着他们，我又重拾了儿时的乐趣，重温了那段温馨的时光。

　　这套书，共分为10册，用孩子们喜欢的漫画形式，生动地讲解了很多有趣的物理学知识。让孩子们，在不看任何物理学公式的情况下，就能掌握丰富的物理学知识。有些内容采用"对话式"的行文方式，不仅提升了这套书的可读性和趣味性，还拉近了物理学知识与读者之间的距离。有些内容则采用与"读者聊天"的方式展开，书中的这些小人物仿佛带领着孩子们，在物理世界里进行着他们梦寐以求的"研学游"。

　　在内容编排方面，这套书的内容极为丰富，包含了力和运动、引力、声音、能量、物质的性质及变化、光、电、热和磁，但书中涉及的知识点并不深奥，只要有一颗充满好奇的心就能跟着书中的人物一起去发现自然界的奥秘。非常适合幼儿园和小学低年级的小朋友们阅读。

　　希望这套书能唤起孩子们的好奇心，引导孩子们体会到物理世界的有趣之处和可爱之处。

——周思益　重庆大学物理学院副教授

目 录

什么是光？

自然光来自
太阳。

你可能觉得，自
然光是白色的。

然而，正是这
种光让你看到
了万物。

没有光，你就
没有食物吃，
也没有氧气可
以呼吸。

这是因为，植物
和许多海洋生物
都要利用光来制
造食物和氧气。

你吃的所有食物和呼吸时用到的氧气，都可以追溯到这些生物，因此也可以追溯到我！

燃料中的能量也来自太阳光。

石油和煤炭等**化石燃料**是由数百万年前死亡的生物的遗骸形成的。

这些燃料中的所有能量，最初都来自太阳光。

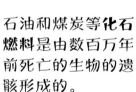

人们利用这些燃料来发电，并运转机器。

什么是光波？

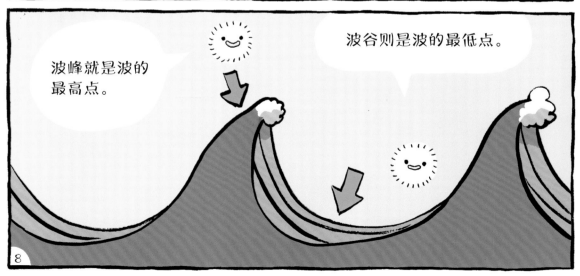

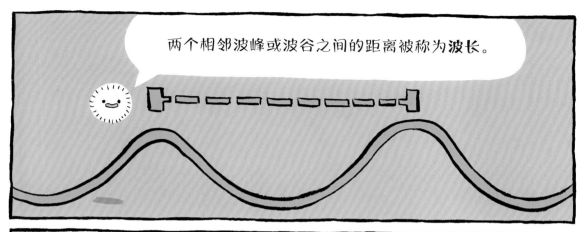

吸收与反射

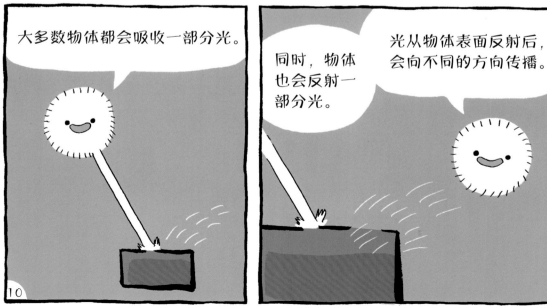

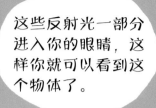
这些反射光一部分进入你的眼睛，这样你就可以看到这个物体了。

不同物体，对光的吸收和反射程度各不相同。

黑色的物体能吸收大部分的光。

黑色

白色的物体吸收的光比较少，但它反射的光比较多。

白色

所以在大热天穿白T恤比较合适！

光滑的表面也会反射很多光。

快看，我看见自己了！

光的传播

光可以很轻易地穿过一些材料，但还有一些材料，却无法穿过。

光无法穿过**不透明**物体，它们会吸收一些光，并将其余的光反射。

这堵砖墙是不透明的，你无法透过它看到墙后的东西。

当一个不透明物体挡住光的传播路径时，就会形成影子。

透明物体能让大部分的光穿过，所以你可以看到它后面的东西！

这些玻璃窗户就是透明的。

如果玻璃是彩色的呢？

彩色玻璃是一种半透明物体。

它只让特定颜色的光穿过。

同时，它还会散射一部分光线，使它后面的物体看起来模糊不清。

13

光的折射

如你所见，我总能找到自己移动的方向。

但是当我穿过空气斜着射入水中时，会发生什么呢？

我在水中的移动速度比在空气中慢。

所以，我的**速度**发生了变化。

这会导致我的传播方向发生偏折，这就是光的**折射**。

折射

什么是颜色？

彩虹中所有颜色的光混合在一起就形成了白光。

红、橙、黄、绿、蓝、靛、紫。

英文简称为：
ROYGBIV！

不同颜色的光，波长各不相同。

注：这是彩虹中所有颜色的英文简称，Red（红色）、Orange（橙色）、Yellow（黄色）、Green（绿色）、Blue（蓝色）、Indigo（靛青）和Violet（紫色）。——编者

红光波长较长。

紫光波长较短。

其他颜色的光的波长介于红光和紫光之间。

它们共同组成了彩虹所有的颜色。

水滴会使光的传播方向发生偏折！

看到了吗？每个雨滴都像一个三棱镜。

它把太阳光分散成不同颜色的光。

不同颜色的光，弯曲程度不同。

波长越长的光，弯曲程度越小。

雨滴就这样把太阳光分解成了各种颜色的可见光。

可见光是人们肉眼能看见的光。

被反射的光会进入你的眼睛。

例如，当白光照射到香蕉上时，

香蕉吸收了除黄光以外的其他所有颜色的光。

只有黄光被香蕉反射。

黄光进入了你的眼睛！所以你看见的香蕉就是黄色的。

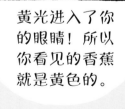

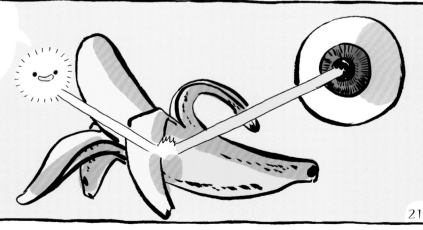

你是如何看到东西的?

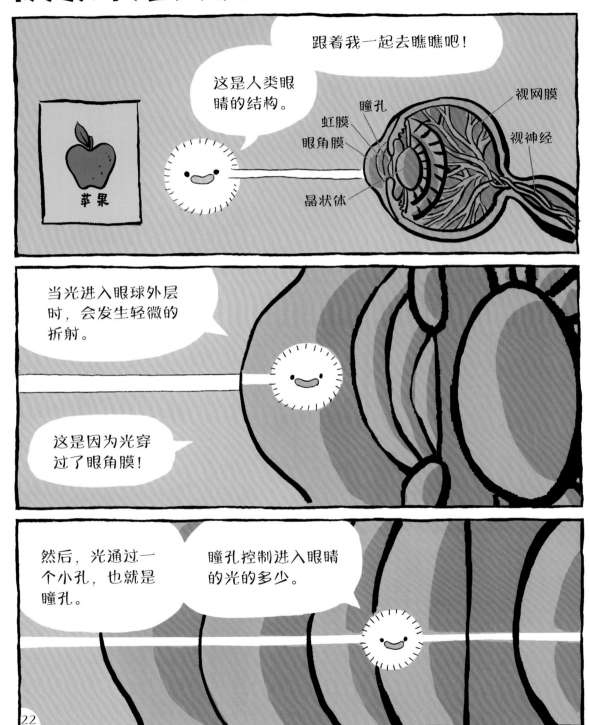

接着，光穿过晶状体。

晶状体使光发生折射，并使其在视网膜上形成清晰的图像。

晶状体聚焦到视网膜上的图像是上下颠倒的。

苹果

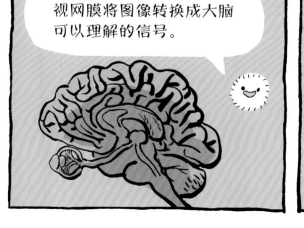

视网膜将图像转换成大脑可以理解的信号。

大脑再利用这些信号生成图像。而且它还可以把图像正过来。

苹果

透镜是如何帮助你看清东西的？

有时，人们需要一些帮助才能看清东西。

比如，佩戴眼镜。

眼镜作为透镜，能以一种特定方式使光线发生偏折。

有些人是近视眼，他们只能看清近处的东西。

有些人是远视眼。

他们只能看清远处的东西。

透镜可以用来矫正视力。

近视的人需要**凹透镜**。凹透镜的边缘比中间厚。

凹透镜对光有发散作用。

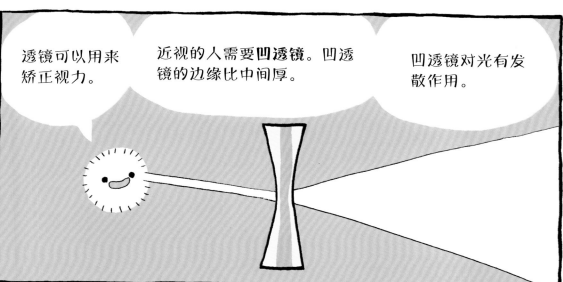

通过凹透镜看物体，物体会显得更小。

远视的人需要**凸透镜**。

凸透镜的中间比边缘厚。

通过凸透镜看物体，物体会显得更大。

不可见光

除了眼镜，你还能在其他工具上发现透镜。

比如望远镜。

望远镜被用来观察极远处的物体。

比如千里之外的

月球！

但这只适用于你用眼睛可以直接看到的光。

也就是可见光！

可见光包括彩虹所有颜色的光。

但是，还有许多其他形式的光是你看不到的！

红外线

这些都是不可见光。

紫外线

无线电波

X射线

蜜蜂和一些其他昆虫可以利用紫外线来观察花朵是否有花蜜！

所有不同种类的光构成了**电磁波谱**。

电磁波谱

我们为什么要研究光？

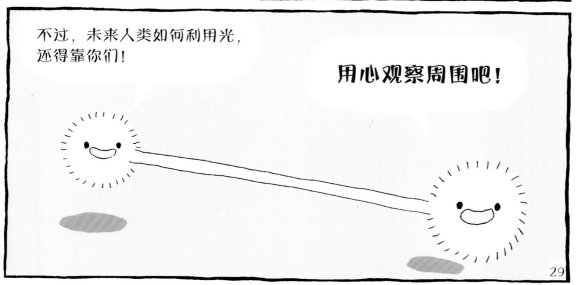

注：本书中所有的地球图片仅为示意图，均为外版原书中的原图。——编者

时间线

阿拉伯学者海什木完成了《光学书》。

1000

荷兰眼镜商扎卡莱亚斯·詹森研发了第一台复式显微镜。

1590

1675

丹麦天文学家奥劳斯·罗默证明了光以固定的速度传播。

1666

1270

英国学者罗杰·培根进行了光学方面的研究。

英国科学家艾萨克·牛顿为现代光学研究奠定了基础。

荷兰天文学家克里斯蒂安·惠更斯提出，光是由一系列波组成的。

德国科学家威廉·伦琴发现了X射线。

美国发明家西奥多·哈罗德·梅曼制造了第一台激光器。

1678

1895

1960

1864

1905

英国科学家詹姆斯·克拉克·麦克斯韦发表了光的电磁理论。

出生于德国的科学家阿尔伯特·爱因斯坦提出光以粒子的形式传播，这种粒子后来被命名为光子。

名人录：海什木

我认为，万物都会发出或反射光。这些光会进入我们的眼睛。

为了证明自己的观点，他还研究了眼部解剖学。

你现在在做什么？

我正在用这个暗箱观察日食。

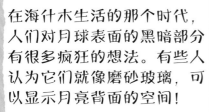

在海什木生活的那个时代，人们对月球表面的黑暗部分有很多疯狂的想法。有些人认为它们就像磨砂玻璃，可以显示月亮背面的空间！

这显然是错误的。如果它们是半透明的，那在日食中，太阳光应该能穿透它们。

但这里没有透光点。

太好了，这可以写进我的书里。

人物档案
姓名：哈桑·本·海什木
出生年份：965年
出生地：巴士拉（今伊拉克）
职业：科学家、数学家
成就：写了《光学书》，彻底改变了对光的研究。

实验：暗箱

所需物品：
·鞋盒（或类似大小的纸板箱）
·黑色记号笔
·美工刀　　　·一张A4纸
·剪刀　　　·胶带
·彩色记号笔、颜料或其他装饰材料（可选）
·毛毯（可选）

海什木曾用暗箱来观察日食。你也可以自己动手做一个！

在鞋盒边长较短的侧面上画一个圆圈，直径约为0.6厘米。这个圆圈就相当于相机的光圈。

请大人帮忙用美工刀把圆圈切下来，并将圆孔内侧修理平整。

将鞋盒边长较短的侧面放在A4纸上，并在纸上描出对应的长方形。然后把长方形剪下来，放在一边备用。

现在，在与开孔侧相对的一侧画一个长方形。在长方形周围至少留出1.25厘米的边框。并请大人帮忙用美工刀将长方形切下来。

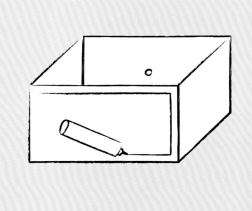

用胶带把剪下来的长方形纸粘到鞋盒开有长方形大洞的一侧，这张纸就相当于暗箱的屏幕。盖上鞋盒的盖子，并用胶带固定。

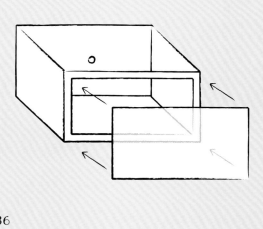

用彩色记号笔、颜料或其他材料装饰你的暗箱。

现在去试试你的暗箱吧！找一个有明亮大窗户的房间，关掉所有的灯，将光圈对准窗户。

你会在暗箱的屏幕上看到一个上下颠倒的窗户图像。

提示：暗箱呈现的图像是上下颠倒的。光线通过光圈进入暗箱，并在盒子的内部产生图像。来自窗户顶部的光线构成了图像的下部，而来自窗户底部的光线构成了图像的上部。

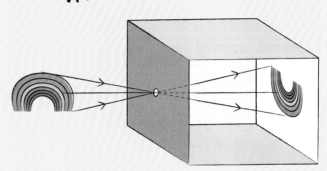

如果图像模糊不清，你可以躲到毛毯里。现在，尝试使用不同的光源吧。看看你能看到什么！

你能相信吗？！

能量最高的光线是**伽马射线**。

手机、无线电视和收音机都使用一种能量较低的光线，叫**无线电波**。

白炽灯泡只能将10%的电能转化为光，其余90%的电能则以**热能的形式释放**。

阳光能穿透的海洋深度约为200米。超过这个深度的海洋**漆黑一片**。

所以，大多数生活在深海中的生物都能**自己发光**。

蜜蜂、鸟类和蜥蜴的眼睛能看到**人类看不到**的紫外线。

词汇表

凹透镜
边缘比中心厚的透镜。通过凹透镜观察物体时，物体显得更小。

半透明
用来描述只允许一部分光线通过的物体。

波长
两个相邻波峰或波谷之间的距离。

不透明
用来描述不允许光线通过的物体。

电磁波谱
按电磁波波长连续排列的电磁波族。包括可见光和人肉眼看不到的各种形式的光。

反射
光、热、声音或其他形式的能量返回原介质的现象。当能量或物体从表面反弹时，就会发生反射。

化石燃料
是由数百万年前死去的生物的遗骸形成的。化石燃料包括煤炭、天然气和石油。

三棱镜
一种特殊的玻璃或塑料，可以折射（弯曲）光线，从而产生光谱。

散射
分开并向不同方向散开。

速度
物体在单位时间内移动的距离。

透明
用来描述几乎允许所有的光通过的物体。

凸透镜
中心比边缘厚的透镜。通过凸透镜观察物体时，物体显得更大。

望远镜
使远处的物体显得更近更大的仪器。

吸收
吸入并保持而非反射。

折射
光从一种物质进入另一种物质时发生弯曲的现象。

著作权合同登记号：图字 18-2024-003

图书在版编目（CIP）数据

这就是物理：升级新版. 光 /（美）约瑟夫·米森
著；（美）萨缪·希提绘；周思益译. -- 长沙：湖南
少年儿童出版社, 2024.5
ISBN 978-7-5562-7558-8

Ⅰ. ①这… Ⅱ. ①约… ②萨… ③周… Ⅲ. ①光学一
青少年读物 Ⅳ. ①O4-49

中国国家版本馆CIP数据核字（2024）第071181号

ZHE JIUSHI WULI SHENGJI XINBAN GUANG
这就是物理　升级新版　光
[美] 约瑟夫·米森　著　[美] 萨缪·希提　绘　周思益　译

责任编辑：张　新　李　炜　　　　　　策划出品：李　炜　张苗苗
策划编辑：王　伟　　　　　　　　　　特约编辑：张丽静
营销支持：付　佳　杨　朔　苗秀花　　版权支持：王立萌
封面设计：主语设计　　　　　　　　　版式排版：霍雨佳
项目支持：汪秀英　张思齐

出　版　人：刘星保
出　　　版：湖南少年儿童出版社
地　　　址：湖南省长沙市晚报大道 89 号
邮　　　编：410016
电　　　话：0731-82196320
常年法律顾问：湖南崇民律师事务所 柳成柱律师
经　　　销：新华书店
开　　　本：715 mm×980 mm　1/16　　　　印　　　刷：河北尚唐印刷包装有限公司
字　　　数：23 千字　　　　　　　　　　　　印　　　张：2.5
版　　　次：2024 年 5 月第 1 版　　　　　　印　　　次：2024 年 5 月第 1 次印刷
书　　　号：ISBN 978-7-5562-7558-8　　　　定　　　价：179.00 元（全 10 册）

若有质量问题，请致电质量监督电话：010-59096394　团购电话：010-59320018

这就是物理 升级新版

[美]约瑟夫·米森 著　　[美]萨缪·希提 绘

周思益　王霄云 译

HEAT 热

CTS

湖南少年儿童出版社
HUNAN JUVENILE & CHILDREN'S PUBLISHING HOUSE

小博集
BOOKY KIDS

WORLD BOOK

·长沙·

　　我很荣幸担任了这套书的翻译和审校工作。我经常自称是幼儿园园长，但当我真正参与了与小朋友有关的工作，又是诚惶诚恐，生怕自己哪个字或词语会让小朋友感到难以理解。经过深思熟虑后，我还是决定以直译的方式来翻译这套书，并在语气方面尽量贴合小朋友的表达习惯。

　　收到这套书后，我最先翻译的是《力和运动》。翻开书的那一刻我就被震惊到了，这是什么，这些简直是会说话的图形呀！力是方头五边形，运动是尖头四边形。我被这一对淘气、可爱的好朋友吸引了，跟着他们，我又重拾了儿时的乐趣，重温了那段温馨的时光。

　　这套书，共分为10册，用孩子们喜欢的漫画形式，生动地讲解了很多有趣的物理学知识。让孩子们，在不看任何物理学公式的情况下，就能掌握丰富的物理学知识。有些内容采用"对话式"的行文方式，不仅提升了这套书的可读性和趣味性，还拉近了物理学知识与读者之间的距离。有些内容则采用与"读者聊天"的方式展开，书中的这些小人物仿佛带领着孩子们，在物理世界里进行着他们梦寐以求的"研学游"。

　　在内容编排方面，这套书的内容极为丰富，包含了力和运动、引力、声音、能量、物质的性质及变化、光、电、热和磁，但书中涉及的知识点并不深奥，只要有一颗充满好奇的心就能跟着书中的人物一起去发现自然界的奥秘。非常适合幼儿园和小学低年级的小朋友们阅读。

　　希望这套书能唤起孩子们的好奇心，引导孩子们体会到物理世界的有趣之处和可爱之处。

——周思益　重庆大学物理学院副教授

目 录

什么是热？

如何利用热？

我是你生命中很重要的一部分。我现在就在你的身体里！

你的身体将储存的营养物质分解时会产生热量。

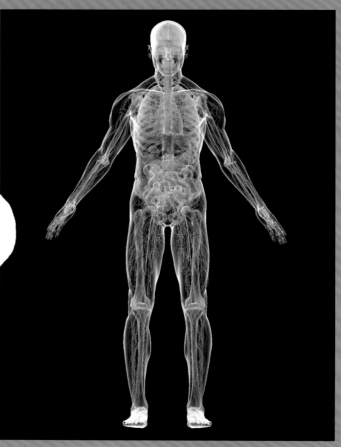

这样你的体温才能保持稳定。

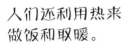

人们还利用热来做饭和取暖。

工厂中，人们通过加热金属来改变它们的形状。

铁在温度达到大约1535摄氏度时，就会熔化。

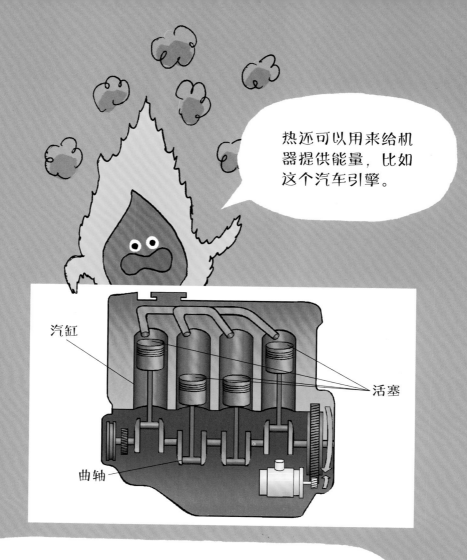

热还可以用来给机器提供能量，比如这个汽车引擎。

汽缸

活塞

曲轴

你知道吗？大多数汽车和飞机都依靠燃烧燃料来获取动力！

这些燃烧燃料的机器，在运行过程中都使用到了热能。

热能还被用来驱动大型发电机发电。

从电灯到烤面包机，再到电脑，都依靠电能提供动力。

在我们的生活中，热无处不在！

热源

太阳是地球最重要的热源。

如果没有来自太阳的热量，地球上就不可能有生命。

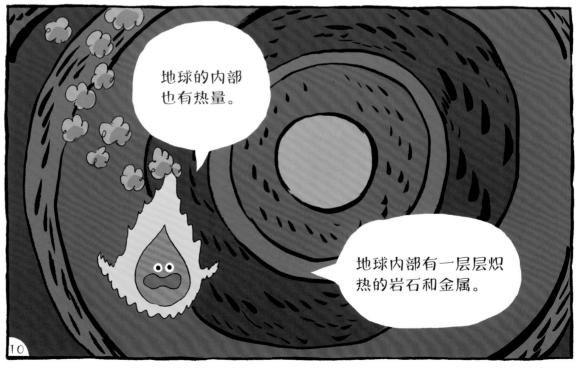

地球的内部也有热量。

地球内部有一层层炽热的岩石和金属。

火山、温泉和间歇泉释放的热量都来自地球内部。

火和电也是两种常见的热源。

你还可以通过摩擦两个物体来产生热量。

热的流动

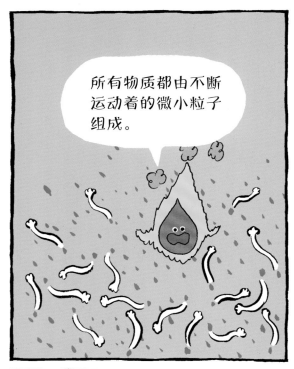

所有物质都由不断运动着的微小粒子组成。

使它们运动的能量叫作**热能**。

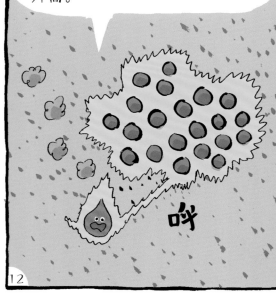

当我们加热物质时，组成它的粒子的热能会增加，温度也会随之升高。

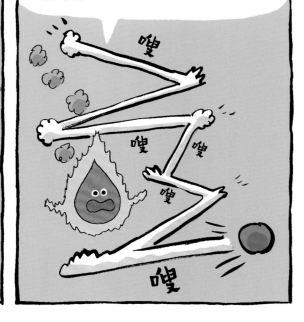

温度越高，粒子的运动速度就越快。

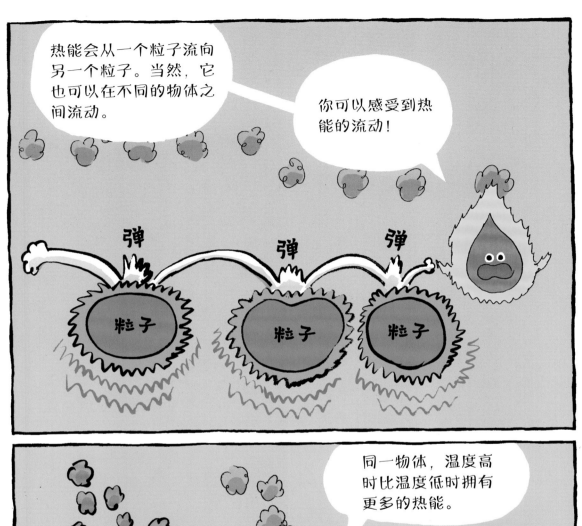

14

注：由热力学第二定律可知，热量不能自发地从低温物体传到高温物体，但在人为干预的情况下，这一过程也可以反方向进行。——编者

冰里的粒子运动得很慢。

水比冰的温度要高，所以水里的粒子运动得更快。

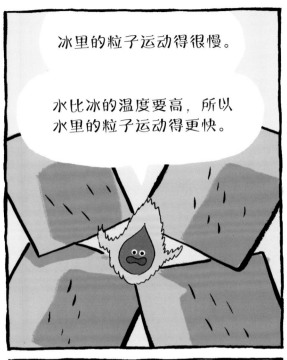

热能会从水流向冰。

冰里的粒子运动速度不断加快。

冰就融化了。

固态的冰变成了液态的水。

最终，杯子里所有的水都变成了相同的温度。

现在，所有的粒子都以相同的**速度**运动着。

15

热胀冷缩

温度是衡量物体所含热能多少的指标之一。

我们常用的玻璃管**温度计**是根据液体热胀冷缩的规律制成的。

这种温度计内装有液体。

用它测量热的物体时，玻璃管里的液体受热膨胀，液柱会上升。

咔嚓

用它测量冷的物体时，玻璃管里的液体受冷收缩，液柱会下降。

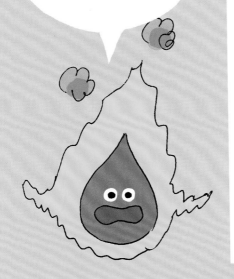

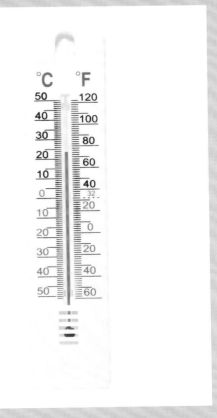

人们每天都使用温度计测量温度。这样你就知道今天要穿什么衣服出门了！

现在，你就可以用温度计测测室外的温度！

物理变化和化学变化

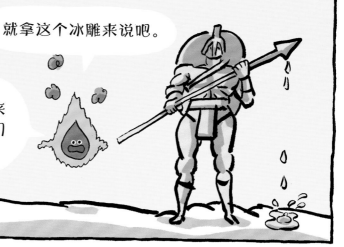

当我们加热某些物体时，它们会发生**物理变化**。

它们看起来可能跟原来不一样了，但组成它们的物质没有发生变化。

就拿这个冰雕来说吧。

冰受热会融化，变成液态的水。

滴答 滴答 滴答 滴答

液态的水继续受热，就变成了气态的水蒸气。它仍然是水，只是处于不同的状态！

在很高的温度下，金属也会熔化。

下垂

我们通过这种方法可以把金属塑造成各种形状！

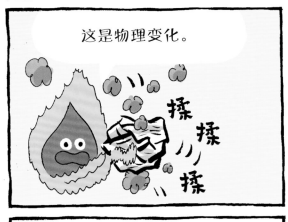

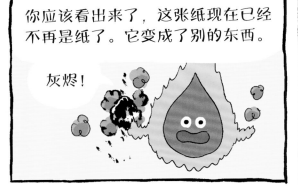

21

热传导

热量总是跑来跑去，但我移动的方式可不止一种。

有时，我会从一个粒子传递给另一个粒子，就跟多米诺骨牌一样。

轻碰

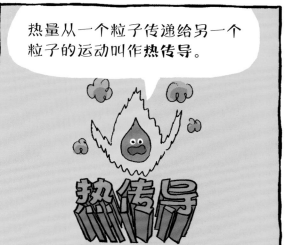

热量从一个粒子传递给另一个粒子的运动叫作**热传导**。

热传导

固体往往以热传导的方式被加热。固体中的粒子不能自由运动。

热能让它们在自己的位置上振动，并撞击与它们相邻的粒子。

如果你不小心把金属勺子忘在了热锅里，那你可得注意了！

整个勺子都会变得很烫！

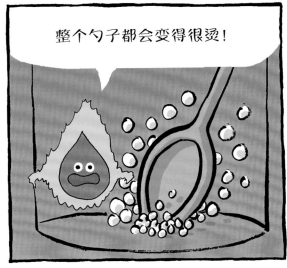

滚烫的食物会加热勺子尖，

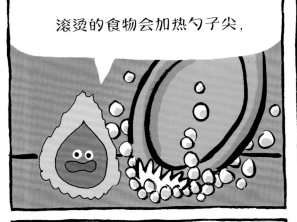

然后，勺子尖的粒子会振动得越来越快，并与它们相邻的粒子碰撞，传递热量。

这些被撞击的粒子再继续撞击其他粒子。

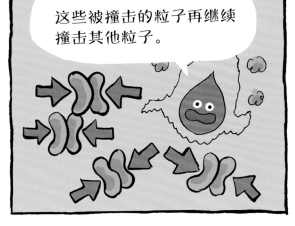

热量就从勺子尖传递到了勺子柄。

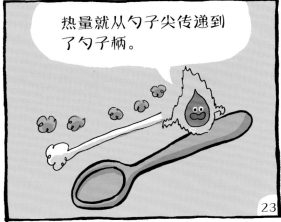

热对流和热辐射

热量也可以通过粒子在气体和液体中传递。

但和在固体中不同，气体和液体中的粒子可以更自由地移动。

也就是说，它们可以带着热量一起移动。

烧水时，靠近壶底的水会先受热膨胀。

这些热水会升上去，冷水就会降下来。这些冷水开始被加热。当它们变成热水时，也会升上去。如此反复。

这种传递热量的方式叫作热对流。它就像传送带一样把热量从一个地方运输到另一个地方。

有些热量可以在真空中传递。

这种不需要借助任何介质来传递热量的方式叫作**热辐射**。

来自太阳的热量穿过太空来到了地球上。

在有介质存在的地方，热量也可以通过热辐射的方式进行传递。

真的吗？

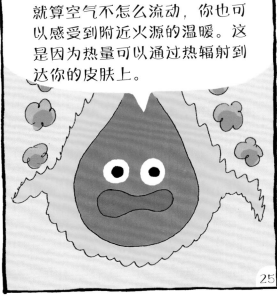

就算空气不怎么流动，你也可以感受到附近火源的温暖。这是因为热量可以通过热辐射到达你的皮肤上。

热的良导体与热的不良导体

某些材料可以很好地传递热量。

它们被叫作**热的良导体**。

热的良导体

金属是热的良导体。看，我可以很容易地穿过这个平底锅！

阻碍热量传递的物质叫作**热的不良导体**。

热的不良导体

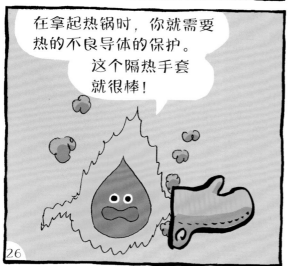

在拿起热锅时，你就需要热的不良导体的保护。这个隔热手套就很棒！

冬天穿的夹克也是很好的热的不良导体。

夹克往往由棉花、尼龙和羽绒等制成。

这些材料都是热的不良导体。

扑通

它们可以减少热量的散失，起到保暖的效果。

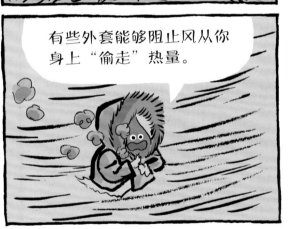

有些外套能够阻止风从你身上"偷走"热量。

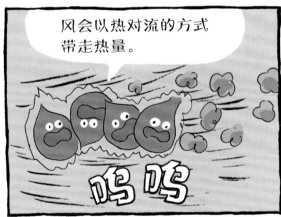

风会以热对流的方式带走热量。

呜呜

你家的房子就像一件很大的夹克。

它的墙壁是用隔热材料填充的，天冷时可以留住屋里的热量，天热时可以挡住屋外的热量。

我们为什么要学习热？

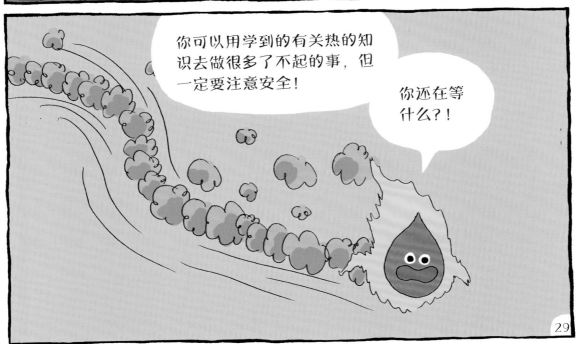

时间线

法国科学家安东尼·拉瓦锡提出了火是氧气与其他物质燃烧的结果。

1777

英国科学家詹姆斯·焦耳发现热量可以与其他形式的能量相互转化。

1847

寒冷

1848

英国科学家开尔文勋爵创立了以绝对零度为起点的温标。

1798

美国出生的科学家本杰明·汤普森指出，物质中粒子的运动会产生热。

1847

德国科学家赫尔曼·冯·亥姆霍兹提出热能是能量的一种形式。

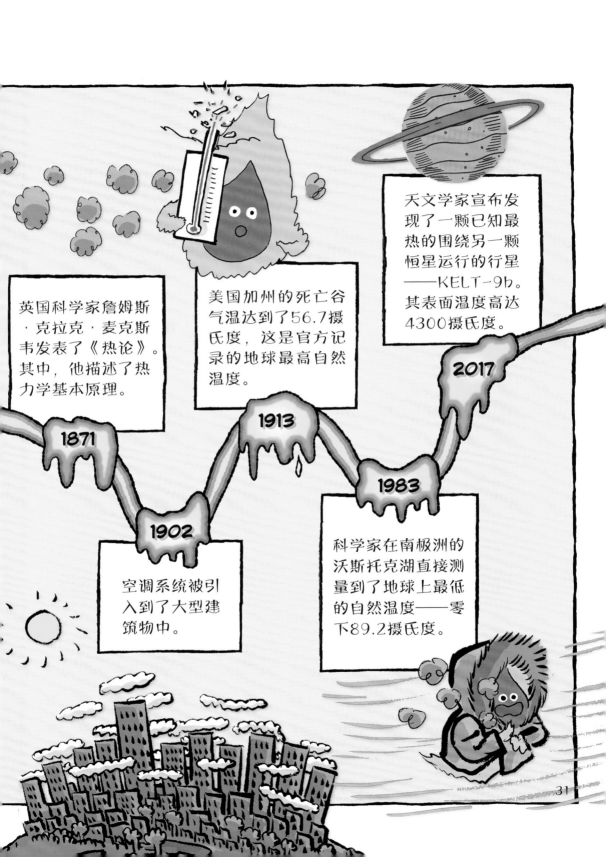

英国科学家詹姆斯·克拉克·麦克斯韦发表了《热论》。其中，他描述了热力学基本原理。

美国加州的死亡谷气温达到了56.7摄氏度，这是官方记录的地球最高自然温度。

天文学家宣布发现了一颗已知最热的围绕另一颗恒星运行的行星——KELT-9b。其表面温度高达4300摄氏度。

1871

1913

2017

1902

1983

空调系统被引入到了大型建筑物中。

科学家在南极洲的沃斯托克湖直接测量到了地球上最低的自然温度——零下89.2摄氏度。

31

名人录：开尔文勋爵

请记住，温度是衡量物体所含热能多少的指标之一。但是，物体可以没有热能吗？

这意味着组成物体的粒子完全不运动！

我有太多实验要做，甚至没有时间坐下来写东西！

你看起来真有干劲！不过，你是谁？

我是开尔文勋爵。我一直在尝试计算出最低的温度，在这个温度下所有热能都不存在。到目前为止，我计算出的温度是零下273摄氏度。

摄氏温标把水的凝固点设为起点，而我想要创立一个新的温标——以绝对的开始作为起点。

就像"绝对零度"，对吗？

这个名字可真不错！你介意我用这个名字吗？

当然可以！

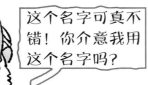

人物档案

姓名：威廉·汤姆森（开尔文勋爵）
出生日期：1824年
出生地：北爱尔兰贝尔法斯特
职业：物理学家
成就：1848年创立了以绝对零度（零下273.15摄氏度）为起点的开尔文温标。

实验：
我在融化！

你需要的材料：
· 几个由不同材料制成的容器，比如陶瓷盘、塑料盘、铁锅、铜锅或木碗
· 一支笔和一些纸
· 一些大小相同的冰块

想知道不同的材料导热效果有何不同吗？

准备几个由不同材料制成的容器，比如陶瓷盘、塑料盘、铁锅、铜锅或木碗。

在每个容器中放一个冰块。让它们静置不动，观察冰块融化的过程。

34

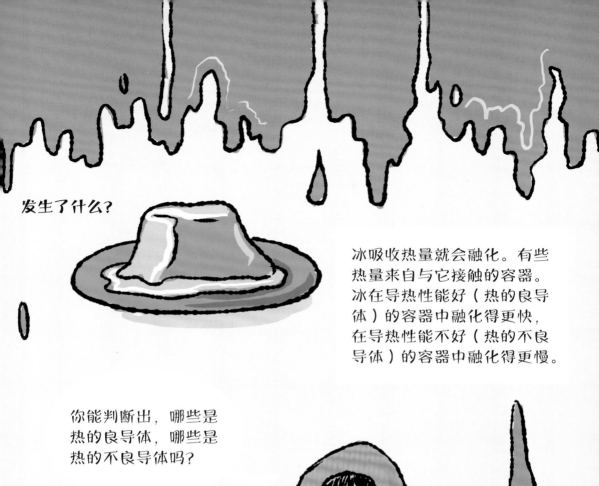

发生了什么?

冰吸收热量就会融化。有些热量来自与它接触的容器。冰在导热性能好(热的良导体)的容器中融化得更快,在导热性能不好(热的不良导体)的容器中融化得更慢。

你能判断出,哪些是热的良导体,哪些是热的不良导体吗?

你能相信吗？！

世界上有大约20种**冰**。地球上的冰只是其中一种，其他种类的冰要在不同的气压和温度下形成。

如果你想在炎热的夏天，快速冷却饮料，可以用湿毛巾把它包起来！毛巾上的水分蒸发会使**饮料降温**。

闪电的温度高达30,000摄氏度！

水星白天的温度会达到450摄氏度。

但它没有**大气层**，所以到了晚上，水星表面的温度下会降到零下170摄氏度。

通过火的颜色判断它有多热！温度最低的火焰是红色的，其次是橙色的，然后是白色的。蓝色的火焰温度是**最高的**！

篝火的平均温度约为498.9摄氏度。

没有任何东西的温度能低于零下273.15摄氏度，这个温度被称为"**绝对零度**"。

两个相互接触的物体，当它们相对滑动时，在接触面上会产生一种阻碍相对运动的**摩擦力**。这个过程会产生热量！

地球上**最冷的火山岩浆**是从坦桑尼亚的一座火山中喷发出来的，它的温度是500摄氏度。

正常人的平均体温约为37摄氏度。

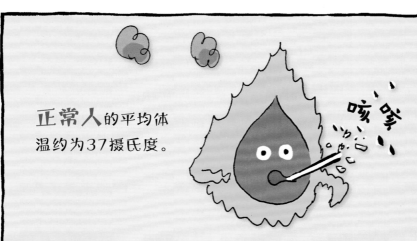

咳咳

所有气体以及大多数液体和固体在受热时都会膨胀。但它们膨胀的程度并不相同。

我们肉眼能看到的是太阳的光球层，它相当于太阳的表面，温度约为5500摄氏度。

太阳散发的热量只有极少部分到达了地球，但就是这部分热量使地球上所有的生物得以生存。

太阳的日冕层，比太阳的表面温度还要高几千摄氏度！

词汇表

工程师
设计和建造发动机、机器、道路、桥梁、运河、堡垒等的人。

化学变化
物质被转换为一种或多种具有不同性质的新物质的过程。

金属
包括铜、金、铁、铅、银、锡在内的，拥有相似性质的一大类元素。

绝对零度
热力学理论所断言的自然界中最低的极限温度。

膨胀
体积增大。

热传导
热量在物体中流动。

热的不良导体
不善于传导热的物体。

热的良导体
善于传导热的物体。

热对流
液体或气体通过自身各部分物质的相对流动传递热量的一种过程。

热辐射
能量以波或微小粒子的方式传递的过程，来自太阳的热就是热辐射的一个例子。

热能
让物体中的粒子振动或运动的能量。

水蒸气
气体状态的水。

收缩
体积减小。

速度
物体在单位时间内移动的距离。

温度计
测量温度的工具。

物理变化
物质的形状或状态发生改变。

运动
物体位置的改变。

著作权合同登记号：图字 18-2024-003

图书在版编目（CIP）数据

这就是物理：升级新版. 热 / （美）约瑟夫·米森 著；（美）萨缪·希提绘；周思益，王霄云译. -- 长沙：湖南少年儿童出版社，2024.5
ISBN 978-7-5562-7558-8

Ⅰ. ①这… Ⅱ. ①约… ②萨… ③周… ④王… Ⅲ. ①热能—青少年读物 Ⅳ. ①O4-49

中国国家版本馆CIP数据核字（2024）第070674号

ZHE JIUSHI WULI SHENGJI XINBAN RE

这就是物理　升级新版　热

[美]约瑟夫·米森 著　[美]萨缪·希提 绘　周思益　王霄云 译

责任编辑：张　新　李　炜
策划编辑：王　伟
营销支持：付　佳　杨　朔　苗秀花
封面设计：主语设计
项目支持：张思齐

策划出品：李　炜　张苗苗
特约编辑：张丽静
版权支持：王立萌
版式排版：霍雨佳

出 版 人：刘星保
出　　版：湖南少年儿童出版社
地　　址：湖南省长沙市晚报大道 89 号
邮　　编：410016
电　　话：0731-82196320
常年法律顾问：湖南崇民律师事务所　柳成柱律师
经　　销：新华书店
开　　本：715 mm×980 mm　1/16
字　　数：23 千字
版　　次：2024 年 5 月第 1 版
书　　号：ISBN 978-7-5562-7558-8

印　　刷：河北尚唐印刷包装有限公司
印　　张：2.5
印　　次：2024 年 5 月第 1 次印刷
定　　价：179.00 元（全 10 册）

若有质量问题，请致电质量监督电话：010-59096394　团购电话：010-59320018

这就是物理

升级新版

[美]约瑟夫·米森 著　[美]萨缪·希提　绘

周思益　王霄云　译

ELECTRICITY 电

湖南少年儿童出版社
HUNAN JUVENILE & CHILDREN'S PUBLISHING HOUSE

小博集
BOOKY KIDS

WORLD BOOK

·长沙·

推荐序

　　我很荣幸担任了这套书的翻译和审校工作。我经常自称是幼儿园园长，但当我真正参与了与小朋友有关的工作，又是诚惶诚恐，生怕自己哪个字或词语会让小朋友感到难以理解。经过深思熟虑后，我还是决定以直译的方式来翻译这套书，并在语气方面尽量贴合小朋友的表达习惯。

　　收到这套书后，我最先翻译的是《力和运动》。翻开书的那一刻我就被震惊到了，这是什么，这些简直是会说话的图形呀！力是方头五边形，运动是尖头四边形。我被这一对淘气、可爱的好朋友吸引了，跟着他们，我又重拾了儿时的乐趣，重温了那段温馨的时光。

　　这套书，共分为10册，用孩子们喜欢的漫画形式，生动地讲解了很多有趣的物理学知识。让孩子们，在不看任何物理学公式的情况下，就能掌握丰富的物理学知识。有些内容采用"对话式"的行文方式，不仅提升了这套书的可读性和趣味性，还拉近了物理学知识与读者之间的距离。有些内容则采用与"读者聊天"的方式展开，书中的这些小人物仿佛带领着孩子们，在物理世界里进行着他们梦寐以求的"研学游"。

　　在内容编排方面，这套书的内容极为丰富，包含了力和运动、引力、声音、能量、物质的性质及变化、光、电、热和磁，但书中涉及的知识点并不深奥，只要有一颗充满好奇的心就能跟着书中的人物一起去发现自然界的奥秘。非常适合幼儿园和小学低年级的小朋友们阅读。

　　希望这套书能唤起孩子们的好奇心，引导孩子们体会到物理世界的有趣之处和可爱之处。

——周思益　重庆大学物理学院副教授

目　录

什么是电？

我能点亮台灯……

能让电子产品工作，

还能启动多种机器。

我甚至能给你力量！

但在我的身边你可要当心，如果靠得太近，可能会被电到！

大自然中的电

我现在就在你的身体里。

你的每个动作和每个想法都是电产生的结果。

你体内的电信号将信息传递给大脑，也将信息从大脑里传递出去。

这些信号告诉大脑，你的眼睛看到了什么，耳朵听到了什么，

以及你的手指感觉到了什么。

这些信号甚至指挥着你心脏的跳动。

7

电荷

所有物质都由叫作原子的微小粒子组成。

原子由更微小的粒子组成。

其中，带有正电荷的粒子与不带电荷的粒子组成了原子的中心部分。

带有负电荷的**电子**围绕着原子的中心部分旋转。

当原子中的正电荷与负电荷数量相等时，原子就不带电。

呜呜！

但原子可以得到或者失去电子。

当这种情况出现时，原子就会带电！

电子的运动就是我们所说的电！

静电

电子聚集在一起，会形成**静电**。你或许已经亲身感受过了！

你有没有拖着脚走过地毯，然后用手触碰门把手的经历？

这样做会发生什么呢？

你很有可能会被电一下！

你的脚与地毯之间的摩擦会使电子从地毯上"跳"到你的身上。

这让你的身体得到了一些额外的电子。

你就带上负电荷了！

当你去触碰门把手时，电子又从你的身上"跳"到了门把手上。

你感受到的"触电"就是这种电子移动带来的。

电子总是倾向于远离带负电荷的区域。

这就是它们会从你的身上"跳"到门把手上的原因。

11

电流

人们没办法用静电给普通的机器提供能量。

这是因为，所有电荷在一瞬间就被释放完了。

为了让电更有用，我们必须创造出**电流**。

电流是电子在原子与原子之间的稳定流动。

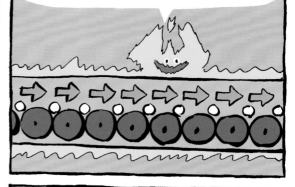

我们用来提供能量的电流在一个闭合的回路中流动，这个回路被称为**电路**。

如果把电路想象成赛道，

那电子就是在这条赛道上奔驰的赛车。

简单的电路有四个主要部分：电源、用电器、导线和开关。

这个机器人以电池为电源。

能量被储存在电池中的化学物质里。

这种能量会推动电子在电路中流动。

随着电子的流动，机器人也动起来了！

13

电路和开关

为了让灯泡亮起来，电路必须是闭合的。

也就是说，它必须形成一个完整的回路。

要不然，电流就无法通过。

但如果你想关灯呢？

这就要靠开关了！

开关通过断开和连接电路来帮助你控制电流的流动。

将开关闭合，触点就接通了！

电路闭合，灯泡就亮起来了！

14

导体和绝缘体

在有些材料中，电子更容易流动。

它们被称为**导体**。

许多金属都是良好的**导体**。

所以电线往往由铜或其他金属制成。

还有一些材料会阻止电子在原子与原子之间的流动。

这些材料被称为**绝缘体**。

木头、塑料和橡胶都是良好的绝缘体。

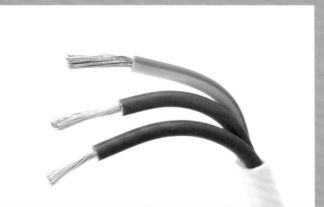

电线常常被塑料或橡胶包裹着。

这些材料让电流老实地待在电线里，这样你就不会触电了！

电能的用处

还有这个收音机，

它正在将电能转化为声能。

我们还能用电能来取暖或做饭。

许多机器通过**电动机**将电能转化为机械能——

汽车才能运动，具有动能！

因为有了我，这些事情才成为可能！

发电

也许你会好奇，这些电都是从哪里来的？

发电厂！

人们每天都需要很多很多的电。

发电厂用**发电机**将机械能转化为电能。

这些庞大的机器由**涡轮机**驱动。

水蒸气或者从高处落下的水产生的压力会驱动涡轮机的叶片旋转。

旋转的叶片让发电机中的磁铁围绕金属线圈旋转。

旋转的磁铁会推拉金属导线里的电子。

这些电子的移动就产生了电流。

有些大型发电厂产生的电流，能够满足整个城市的需求！

电流产生后，会被导入电网中。

电网就是一个巨大的电路。

电网由电线以及各种连接件组成，通过电网，电就被输送到你家里了。

你家与电网之间由被塑料包裹的铜制电线连接。

这些电线会穿过你家的墙壁。

当你把电器的插头插入墙上的插座时，就连上电网了。

瞧！这就是一个完整的电路！

电力的发明

各种电器和电子设备随之被发明出来。

有些设备可以让人们实现远距离通话。

喂？

叮铃铃

还有些设备可以帮助人们快速地处理信息。

嗒嗒嗒

随着时间的推移，人们对电力的需求越来越大。

今天，大多数人都很难适应没有电力的生活了。

但是，所有这些能源的使用都存在负面影响⋯⋯

电力的来源

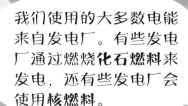

我们使用的大多数电能来自发电厂。有些发电厂通过燃烧**化石燃料**来发电，还有些发电厂会使用**核燃料**。

化石燃料是由几百万年前死去的生物的遗骸产生的。核燃料则是通过一些特定原子的核裂变来释放大量的能量。

许多人既担心核燃料会产生危险的废料，又担心化石燃料总有一天会枯竭。

比这些更重要的是，燃烧这些化石燃料会危害我们的地球。

科学家已经知道了如何将其他形式的能量转化为电能。

举个例子，这座大坝利用流水的能量来发电。

当风吹动风车的叶片时，里面的涡轮机也会制造出电能！

太阳能板可以将太阳的能量转化为电能。

吸收这些光线！

节约用电

现如今，地球上的人口比以往任何时候都多。

而且依靠电力运作的机器也越来越多……

人们对于电的需求还在不断增长。

所以，节约用电十分重要。

为什么不拉开窗帘呢？这样就不需要开灯了。

时间线

古希腊人观察到，琥珀用布摩擦过后会产生静电，能吸起羽毛碎片和稻草。

意大利科学家亚历山德罗·伏特制造出了第一块化学电源。

公元前350

1807

1830

英国科学家迈克尔·法拉第和美国科学家约瑟夫·亨利利用磁产生了电。

1820

1600

法国科学家安德烈·马利·安培发现了安培定律。

英国医生威廉·吉利尔伯特指出玻璃、硫黄、蜡等材料也有类似琥珀的表现。他首次使用了"电"这个名称。

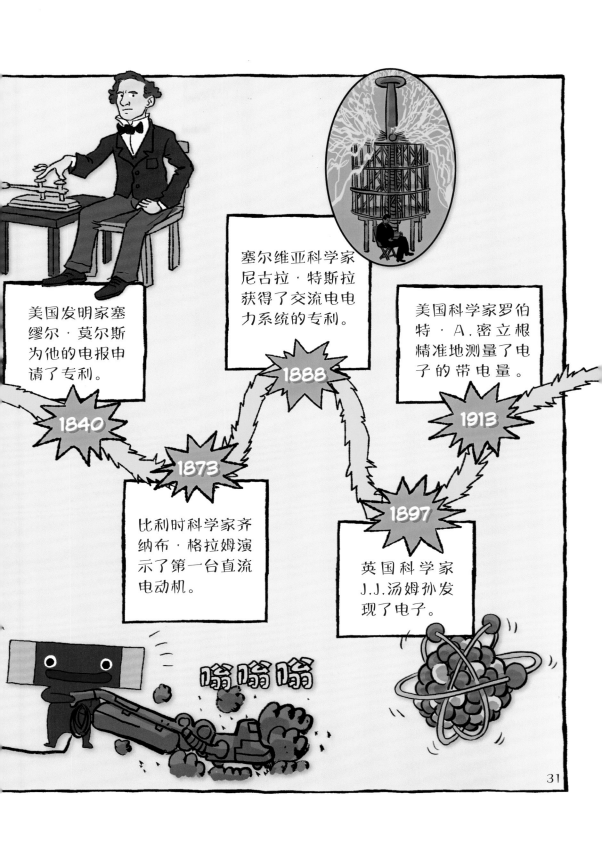

美国发明家塞缪尔·莫尔斯为他的电报申请了专利。

1840

塞尔维亚科学家尼古拉·特斯拉获得了交流电电力系统的专利。

1888

美国科学家罗伯特·A.密立根精准地测量了电子的带电量。

1913

1873

比利时科学家齐纳布·格拉姆演示了第一台直流电动机。

1897

英国科学家J.J.汤姆孙发现了电子。

嗡嗡嗡

31

实验：令人"怒发冲冠"的电！

想不想看看静电的效果，不妨试试这个能让你的头发立起来的实验。

你需要的材料
- 一个气球
- 一根短绳
- 一小块布
  （最好是羊毛的）
- 你的头发

把气球吹起来，并用绳子系好。拉起绳子，让气球自由下垂。

用布轻轻摩擦气球，这时气球会从布上"吸走"电子。这样气球上的电子就比布上的多了。

把布放在气球旁边，松开绳子，气球会向布靠近。它们相互吸引，气球甚至可能会粘到布上！

这就是静电在起作用！

现在试试用气球摩擦你的头发！这一次，电子从你的头发上转移到了气球上。

慢慢将气球向上拉远，你会看到自己的头发竖起来了！

你能相信吗？！

1891年，美国发明家威廉·莫尔森制造了世界上**第一辆成功运行的电动汽车。**

避雷针通过将闪电引入地下来保护建筑物。

电鳗能产生高达850伏的瞬时电压！

电能以**光速**传播，大约每秒30万千米！

木星的云层中有闪电产生。

闪电的温度可以达到大约30,000摄氏度，这比**太阳表面**的温度还要高！

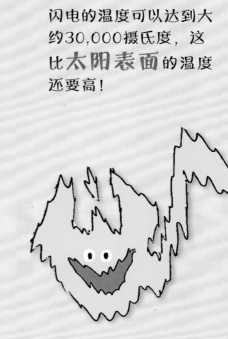

常见的闪电弧电压可能高达**一亿伏**！

第一座**电灯塔**于1858年在英国建成。

每秒钟，你的大脑都会通过神经系统中的神经发送数百万个**电信号**！

名人录：托马斯·爱迪生vs尼古拉·特斯拉

词汇表

导体
允许热、电、光、声以及其他形式的能量通过的物体。

电动机
将电能转化为机械能的机器。

电流
指电子在材料（通常是金属）中的稳定流动。

电路
电流的通路，通常由金属导线构成。

电子
围绕着原子核（原子中心）旋转的粒子。电子带负电荷。

发电机
将机械能转化为电能的机器。

核燃料
一种通过核裂变释放能量的物质。

化石燃料
是由数百万年前死去的生物的遗骸形成的。化石燃料包括煤炭、天然气和石油。

金属
包括铜、金、铁、铅、银、锡在内的，拥有相似性质的一大类元素。

静电
物体表面的电子的积累。

绝缘体
很难传导电、热和声的物体。

开关
控制电路打开或关闭的装置。

涡轮机
一种引擎或发动机，有能够被液态水、水蒸气或空气带动旋转的轮子。涡轮机通常用来带动发电机发电。

原子
物质的基本单位之一。

运动
物体位置的改变。

著作权合同登记号：图字 18-2024-003

图书在版编目（CIP）数据

这就是物理 ：升级新版. 电 /（美）约瑟夫·米森
著 ；（美）萨缪·希提绘 ；周思益，王霄云译. -- 长沙：
湖南少年儿童出版社，2024.5
ISBN 978-7-5562-7558-8

Ⅰ. ①这… Ⅱ. ①约… ②萨… ③周… ④王… Ⅲ.
①电—青少年读物 Ⅳ. ①O4-49

中国国家版本馆CIP数据核字（2024）第070676号

ZHE JIUSHI WULI SHENGJI XINBAN DIAN

这就是物理 升级新版 电

[美]约瑟夫·米森 著　[美]萨缪·希提 绘　周思益 王霄云 译

责任编辑：张 新 李 炜　　　　　策划出品：李 炜 张苗苗
策划编辑：王 伟　　　　　　　　特约编辑：张丽静
营销支持：付 佳 杨 朔 苗秀花　　版权支持：王立萌
封面设计：主语设计　　　　　　　版式排版：霍雨佳
项目支持：张思齐

出 版 人：刘星保
出　　版：湖南少年儿童出版社
地　　址：湖南省长沙市晚报大道 89 号
邮　　编：410016
电　　话：0731-82196320
常年法律顾问：湖南崇民律师事务所 柳成柱律师
经　　销：新华书店
开　　本：715 mm×980 mm　1/16　　印　　刷：河北尚唐印刷包装有限公司
字　　数：23 千字　　　　　　　　　印　　张：2.5
版　　次：2024 年 5 月第 1 版　　　印　　次：2024 年 5 月第 1 次印刷
书　　号：ISBN 978-7-5562-7558-8　　定　　价：179.00 元（全 10 册）

若有质量问题，请致电质量监督电话：010-59096394　团购电话：010-59320018

这就是物理 升级新版

[美] 约瑟夫·米森 著　　[美] 萨缪·希提 绘　　周思益 译

MAGNETISM 磁

湖南少年儿童出版社
HUNAN JUVENILE & CHILDREN'S PUBLISHING HOUSE

小博集
BOOKY KIDS

WORLD BOOK

·长沙·

推荐序

　　我很荣幸担任了这套书的翻译和审校工作。我经常自称是幼儿园园长，但当我真正参与了与小朋友有关的工作，又是诚惶诚恐，生怕自己哪个字或词语会让小朋友感到难以理解。经过深思熟虑后，我还是决定以直译的方式来翻译这套书，并在语气方面尽量贴合小朋友的表达习惯。

　　收到这套书后，我最先翻译的是《力和运动》。翻开书的那一刻我就被震惊到了，这是什么，这些简直是会说话的图形呀！力是方头五边形，运动是尖头四边形。我被这一对淘气、可爱的好朋友吸引了，跟着他们，我又重拾了儿时的乐趣，重温了那段温馨的时光。

　　这套书，共分为10册，用孩子们喜欢的漫画形式，生动地讲解了很多有趣的物理学知识。让孩子们，在不看任何物理学公式的情况下，就能掌握丰富的物理学知识。有些内容采用"对话式"的行文方式，不仅提升了这套书的可读性和趣味性，还拉近了物理学知识与读者之间的距离。有些内容则采用与"读者聊天"的方式展开，书中的这些小人物仿佛带领着孩子们，在物理世界里进行着他们梦寐以求的"研学游"。

　　在内容编排方面，这套书的内容极为丰富，包含了力和运动、引力、声音、能量、物质的性质及变化、光、电、热和磁，但书中涉及的知识点并不深奥，只要有一颗充满好奇的心就能跟着书中的人物一起去发现自然界的奥秘。非常适合幼儿园和小学低年级的小朋友们阅读。

　　希望这套书能唤起孩子们的好奇心，引导孩子们体会到物理世界的有趣之处和可爱之处。

——周思益　重庆大学物理学院副教授

目 录

哐

什么是磁？

磁性材料

磁铁的种类

磁铁有不同的形状。

有些是条状的，

叫作条形磁铁。

蹄形磁铁的形状像字母"U"，也像马蹄铁。

磁铁也可以有其他形状。

磁铁的磁性可以很弱，

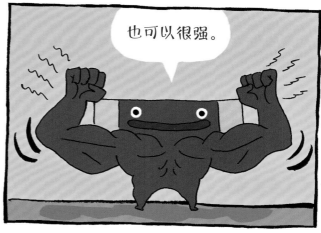

也可以很强。

冰箱贴的磁性很弱。

你可以轻松取下它们。

而有些磁铁的磁性很强，甚至能吸起一辆卡车。

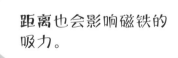

距离也会影响磁铁的吸力。

磁铁只能吸引相对较近的物体。

嗖

哐当

磁极

磁铁有特性相反的两端。

一端叫作南极或者S极，另一端叫作北极或者N极。

例如，条形磁铁的两端各有一个磁极。

蹄形磁铁的两端也各有一个磁极。

如果你把磁铁对半切开，每一块小磁块又都会各有两个磁极。

哇哦。

磁场

磁铁是如何在不碰到物体的情况下，把它们拉近的呢？

这是因为，每块磁铁周围都有磁场。

磁场是磁铁周围的磁力作用的区域。

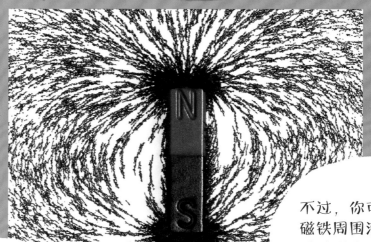

不过，你可以在条形磁铁周围洒满铁屑，通过观察铁屑的分布来看到磁场的分布。

磁场是看不见的。

这些铁屑会沿着磁场排列。

排出的线条从一个磁极延伸到另一个磁极。

这些线条，在靠近磁极的地方更密集。

这表示，磁极附近的磁场最强。

13

磁铁是如何工作的?

让我们凑近点,看看磁铁是如何工作的吧!

这块铁砧是用磁性粒子做成的。

观察一下,当一块大磁铁靠近它时会发生什么吧!

磁铁的磁场使铁砧中的磁性粒子朝同一方向排列。

这使铁砧变成了一块临时磁铁。

咣

嘤

14

你可以试着用磁铁朝同一方向多次摩擦一块铁或者钢。

一起看看里面正在发生什么吧!

磁性粒子的磁极开始排列了。

摩擦了大约50次后,所有的磁极都排好队了!

它们被磁化了!

过了一会儿,磁性粒子的磁极又开始朝向不同方向了。

这个物体就不再是磁铁了。

叮当   叮当

天然磁体

有些岩石和矿物是天然磁体。

就像这块磁石。

咣

根据古希腊人的说法，磁石是由一个牧羊人发现的。他注意到，当他在岩石上行走时，靴子上的铁钉和手杖上的铁尖会被某些岩石吸住。

地球本身也是一个巨大的磁体。

注：本书中所用的地球图片仅为示意图，均为外版书中的原图。——编者

地球内部主要由熔化的铁和镍组成。

金属在内部旋转，产生磁场。

结果，整个地球都被巨大的磁场包围起来了。

地球磁极的南极在地球的北极附近，北极在地球的南极附近。

太阳和许多其他行星也是磁体。

17

指南针是如何利用磁铁工作的？

指南针的北极，会被地球这个巨大磁体的磁南极吸引。

但要注意，地球的磁南极位于地球的北极附近。

有些动物也会用指南针。

科学家认为，一些昆虫、鸟类和鱼类会通过它们体内微小的天然磁体找到方向。

这些磁体就像它们的内置指南针一样。

电和磁

例如，电可以流畅地通过金属导线。

当**电流**通过金属导线时，导线的周围会产生磁场。

如果电流消失，磁场也会消失。

如果你让磁铁以一定方式在闭合的金属导线附近运动，导线上就会产生电流。

电和磁的关系被称为**电磁学**。

21

电磁铁是电流通过金属物体时形成的临时磁铁。

一条金属导线缠绕在铁片上就组成了一个简单的电磁铁。

当电流通过金属导线时，它的周围就会产生磁场。

电磁铁的用处很大，因为它们是一种临时磁铁。

它们的磁场能够被打开或者关闭。

强大的电磁铁被用来吊起大型物体，比如垃圾场里的汽车。

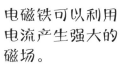

23

我们如何利用电磁学?

许多机器的运转都离不开电磁铁。

发电机是用来发电的机器。

它能把机械能转化为电能。

在发电机中,磁铁和金属线圈互相缠绕在一起。

在机器旋转时，金属线圈中就产生了电流。

发电厂使用大型发电机发电。

大多数发电机利用水蒸气或水带动磁铁和金属线圈旋转。

我们会用**电动机**来给搅拌器、电风扇和真空吸尘器提供动力。

和发电机类似，电动机也使用磁铁和金属线圈。

但和发电机不同，它们是把电能转化为机械能。

在电动机中，电流作用在一组电磁铁上，产生磁场。

磁场又迫使通电的金属线圈旋转。

嗡嗡嗡

在一些地方，你可以乘坐悬浮在铁轨上的火车！

这种火车叫作磁悬浮列车，它们利用磁力的**排斥**作用在铁轨上行进。

列车底部的磁铁和铁轨上的磁铁相互排斥。

还记得把两个磁铁相同的磁极碰到一起有多难吗？

通过调整磁铁的角度，列车就能前进了。

为什么要研究磁？

如今，一些最先进的实验都是用磁铁完成的。

大型强子对撞机（LHC）是一台巨大的机器，它在法国和瑞士的边境交界处运行。

它就像一条粒子的赛道，或者更像是一场撞车比赛。

科学家利用大型强子对撞机来加速粒子，并使它们相互碰撞。

记住，有些粒子受磁力影响很大，因此可以利用电磁铁来控制粒子流。

磁力能使粒子的**速度**加速至接近光速。

通过将粒子撞击在一起，科学家能够重现**宇宙**形成时的极端条件。

磁可以帮助我们解开千百年来一直未被人类发现的宇宙奥秘。

就是这样！

现在，轮到你了！

对我有了新的认识之后，你会如何运用我？

我就是磁！

时间线

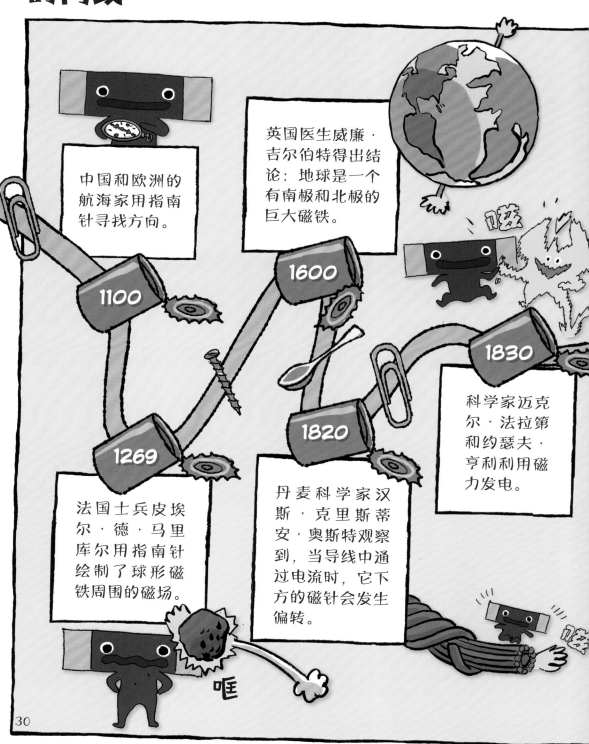

中国和欧洲的航海家用指南针寻找方向。

英国医生威廉·吉尔伯特得出结论：地球是一个有南极和北极的巨大磁铁。

1100

1600

1830

科学家迈克尔·法拉第和约瑟夫·亨利利用磁力发电。

1269

1820

法国士兵皮埃尔·德·马里库尔用指南针绘制了球形磁铁周围的磁场。

丹麦科学家汉斯·克里斯蒂安·奥斯特观察到，当导线中通过电流时，它下方的磁针会发生偏转。

咣

英国科学家詹姆斯·克拉克·麦克斯韦发表了他的电磁学研究成果。

1864

德国科学家海因里希·赫兹证实了麦克斯韦的电磁学理论。

1888

科学家保罗·罗特伯和彼得·曼斯菲尔德因在磁共振成像（MRI）技术方面的工作获得诺贝尔奖。

2003

比利时科学家齐纳布·格拉姆展示了第一台成功的直流电动机。

1873

法国科学家皮埃尔·居里发现有些材料在超过一定温度后就会失去磁性。

1895

名人录：詹姆斯·克拉克·麦克斯韦

从前，人们并不知道磁和我的联系如此紧密。

计算表明，电和磁是单个力的一部分。我将称它为电磁！

这位是詹姆斯·克拉克·麦克斯韦。

人物档案

姓名：詹姆斯·克拉克·麦克斯韦

出生年份：1831年

出生地：苏格兰爱丁堡

职业：科学家

成就：提出了电磁的观点。

你能相信吗？！

牛能够感受到地球的磁场，并在它们吃草或休息的时候，利用磁场朝南或朝北排列。

粒子加速器的轨道像隧道一般难以清理，工程师曾用**雪貂**来清理它！

大多数金属**不能被磁铁吸引**，包括铜、银、金、铂、铝等。

一些会迁徙的鸟类体内具有磁性晶体，作用类似于指南针，鸟类利用它进行导航和寻找方向。

地球的磁北极位于地球的
南极附近！

相反的磁极相互吸引。因此，指
南针的南极受地球磁北极的吸引。

磁铁永远都有**北极和南极**。
把磁铁**切成两半**得到两块磁
铁，每块都有两极。

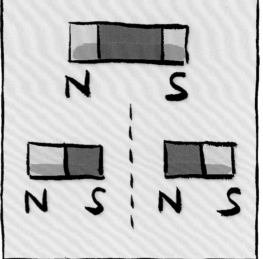

来自**太阳的带电粒子流**
与地球的磁场相互作用，会产生
耀眼的极光！

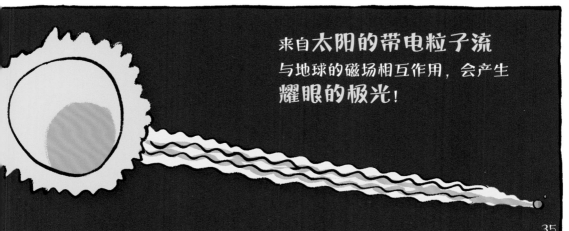

实验：制作属于你的指南针

你需要的物品
· 针
· 磁铁
· 酒瓶软木塞
· 永久记号笔
· 玻璃罐
· 水

你可以自已动手做一个指南针，很简单的！

步骤1：

用磁铁多次摩擦针，确保每次摩擦的朝向相同，不能来回摩擦。

步骤2：

请大人帮忙，用刀从酒瓶软木塞上切下一片圆片，厚度与普通铅笔宽度差不多。

把软木塞圆片平放在砧板上，将磁化后的针从一侧扎入，并从对侧穿出。记住，要在两侧各留下一定长度。

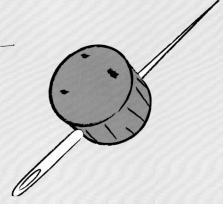

用永久记号笔在玻璃罐的一侧写下N（北）。

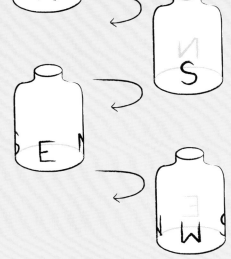

转动玻璃罐，在N的对侧写下S（南）。

现在，把玻璃罐旋转90度，使N在右边，S在左边，然后在N和S中间的位置上写下E（东）。

再次转动玻璃罐，在E的对侧写下W（西）。

步骤4：

在玻璃罐中装入半罐水，然后把你的"指南针"放进水里。指针应该指向北。转动玻璃罐，直到指针方向与N对齐为止。

现在你可以分辨方向了。出发吧，船长！

早期指南针

最早的指南针是简单的磁性铁片。人们通常将磁性铁片放在稻草或软木上，再放入一碗水中——就像你刚刚做的指南针一样！

地球的磁场通常会使铁片大致指向北极。

后来，指南针看起来更像钟表，它由一根可以旋转的磁针和一个叫作罗经刻度盘的表盘组成。

罗经刻度盘上标注了代表主要方向的字母。

词汇表

磁场
磁铁周围磁力作用的区域。

磁极
磁铁的两极，磁极附近的磁场最强。

磁力
物质中的电子（带负电荷的粒子）运动产生的力。

电磁铁
由电流流动形成的临时磁铁。

电磁学
研究电和磁之间的关系的科学。

电动机
将电能转化为机械能的机器。

电流
指电子在材料（通常是金属）中的稳定流动。

发电机
将机械能转化为电能的机器。

金属
包括铜、金、铁、铅、银、锡在内的，拥有相似性质的一大类元素。

距离
两点在空间上相隔的长度。

力
推或拉。

排斥
使物体分离或离开。

速度
物体在单位时间内移动的距离。

吸引
使一个物体拉向另一个物体。

宇宙
周围的一切，包括地球、恒星、行星和其他天体。

著作权合同登记号：图字 18-2024-003

图书在版编目（CIP）数据

这就是物理 ：升级新版. 磁 /（美）约瑟夫·米森
著 ；（美）萨缪·希提绘；周思益译. —— 长沙：湖南
少年儿童出版社，2024.5
　　ISBN 978-7-5562-7558-8

　　Ⅰ. ①这… Ⅱ. ①约… ②萨… ③周… Ⅲ. ①磁性—
青少年读物 Ⅳ. ①O4-49

中国国家版本馆CIP数据核字（2024）第070677号

ZHE JIUSHI WULI SHENGJI XINBAN CI

这就是物理　升级新版　磁

[美] 约瑟夫·米森 著　　[美] 萨缪·希提 绘　周思益 译

责任编辑：张　新　李　炜	策划出品：李　炜　张苗苗
策划编辑：王　伟	特约编辑：张丽静
营销支持：付　佳　杨　朔　苗秀花	版权支持：王立萌
封面设计：主语设计	版式排版：霍雨佳
项目支持：蔡嘉琪　张思齐	

出 版 人：刘星保
出　　版：湖南少年儿童出版社
地　　址：湖南省长沙市晚报大道 89 号
邮　　编：410016
电　　话：0731-82196320
常年法律顾问：湖南崇民律师事务所 柳成柱律师
经　　销：新华书店
开　　本：715 mm×980 mm　1/16　　　印　　刷：河北尚唐印刷包装有限公司
字　　数：23 千字　　　　　　　　　　印　　张：2.5
版　　次：2024 年 5 月第 1 版　　　　　印　　次：2024 年 5 月第 1 次印刷
书　　号：ISBN 978-7-5562-7558-8　　定　　价：179.00 元（全 10 册）

若有质量问题，请致电质量监督电话：010-59096394　团购电话：010-59320018

这就是物理 升级新版

[美]约瑟夫·米森 著　　[美]萨缪·希提 绘　　周思益 译

FORCE AND MOTION 力和运动

CNS 湖南少年儿童出版社　小博集　WORLD BOOK

HUNAN JUVENILE & CHILDREN'S PUBLISHING HOUSE　BOOKY KIDS

·长沙·

推荐序

　　我很荣幸担任了这套书的翻译和审校工作。我经常自称是幼儿园园长，但当我真正参与了与小朋友有关的工作，又是诚惶诚恐，生怕自己哪个字或词语会让小朋友感到难以理解。经过深思熟虑后，我还是决定以直译的方式来翻译这套书，并在语气方面尽量贴合小朋友的表达习惯。

　　收到这套书后，我最先翻译的是《力和运动》。翻开书的那一刻我就被震惊到了，这是什么，这些简直是会说话的图形呀！力是方头五边形，运动是尖头四边形。我被这一对淘气、可爱的好朋友吸引了，跟着他们，我又重拾了儿时的乐趣，重温了那段温馨的时光。

　　这套书，共分为10册，用孩子们喜欢的漫画形式，生动地讲解了很多有趣的物理学知识。让孩子们，在不看任何物理学公式的情况下，就能掌握丰富的物理学知识。有些内容采用"对话式"的行文方式，不仅提升了这套书的可读性和趣味性，还拉近了物理学知识与读者之间的距离。有些内容则采用与"读者聊天"的方式展开，书中的这些小人物仿佛带领着孩子们，在物理世界里进行着他们梦寐以求的"研学游"。

　　在内容编排方面，这套书的内容极为丰富，包含了力和运动、引力、声音、能量、物质的性质及变化、光、电、热和磁，但书中涉及的知识点并不深奥，只要有一颗充满好奇的心就能跟着书中的人物一起去发现自然界的奥秘。非常适合幼儿园和小学低年级的小朋友们阅读。

　　希望这套书能唤起孩子们的好奇心，引导孩子们体会到物理世界的有趣之处和可爱之处。

——周思益　重庆大学物理学院副教授

目　录

力和运动

5

什么是力?

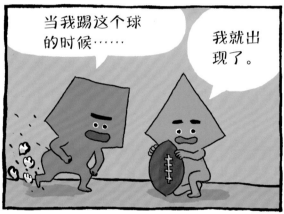

我们身边的力

我们身边每天都充斥着各种各样的力。

看看这台推土机！

它利用机械力来工作。

它的力气可真大！

什么是运动?

11

加速度

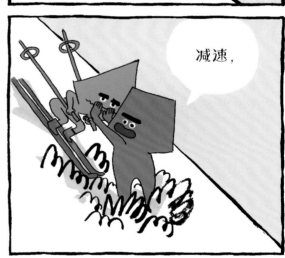

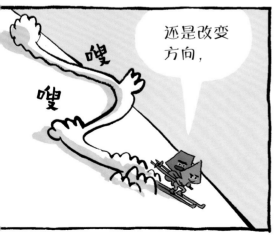

惯性

因为惯性的存在，运动中的物体倾向于以相同的速度朝同一方向运动。

一个物体惯性的大小只与它的**质量**有关。

物体的质量越大，它的惯性就越大。

例如，同样处于静止状态，重的物体比轻的物体更难推动。

物体越重，惯性越大。

唉！

运动中的物体，重的往往比轻的更难停下来。

停下！

这块石头的惯性确实大。

没错！

摩擦力

每天，我们都用力来改变物体的运动状态。

我是世界之王！

骑上这辆自行车。

当我踩下踏板时，自行车就加速了。

踩在踏板上的力改变了自行车的运动状态。

太酷了！

砰

但是如果我想慢下来呢？

那就要握紧手刹。

刹车

啊啊啊！

不要再来了！

摩擦力是一个物体与另一个物体相互摩擦产生的。

这种摩擦会在两个物体的表面产生阻力。

刹车时，刹车片会压在自行车的车轮上。刹车片和车轮之间的摩擦力会使自行车减速。

即使我不握手刹，自行车也会减速。

这是因为轮胎和路面之间也有摩擦力。

17

摩擦也能产生热量。 这就是为什么你可以通过摩擦两根棍子来生火。

摩擦 摩擦 摩擦

热和摩擦会导致物体磨损！

在机器零件上涂上油和其他液体是为了减少摩擦力。

咕噜 咕噜 咕噜

所以人们会定期给汽车发动机加润滑油。

润滑作用！

摩擦力减少，发动机的部件运动起来更容易，产生的热量也更少。

做功

机械和做功

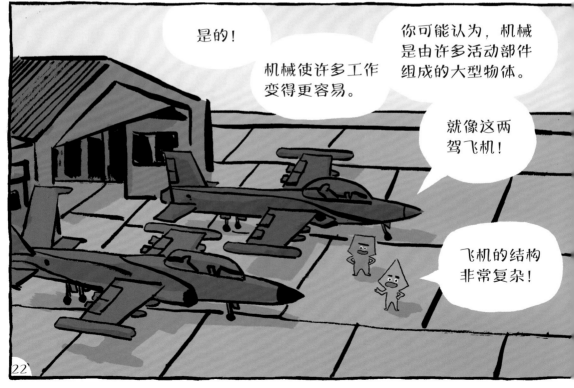

但是有些机械可以活动的部件很少，甚至没有。

即使是**简单机械**也可以使搬运重物等工作变得容易很多。

机械可以改变做功所需要的力的大小。

它还可以改变你用力的方向。

古埃及人在简单机械的帮助下建造了宏伟的金字塔。他们用铜凿和铜锯切割巨大的石灰岩石块。

再把这些石块拖上长长的土砖斜坡，来建造金字塔的每一层。

完成了！

如果没有简单机械的帮助，古埃及人是不可能建成金字塔的。

简单机械

简单机械有六种。

斜面是一个倾斜的平面。它可以用来抬升重物。

杠杆是一种绕固定点转动的杆。

滑轮是一种特殊的杠杆，它用绳子和轮子来提升物体。

坚持住！还有更多！

轮轴是由相互固定的轮和轴组成的简单机械。

啊！

呜呜！

呜呜！

这是什么？

这是螺丝钉，它是一个螺旋形的斜面。

楔（xiē）子是两个背靠背的斜面，常常用于分割物体。

我们为什么要学习力和运动？

时间线

人们使用一种叫作"梭镖"的杠杆，以获得更大的力量来发射长矛。

古希腊科学家阿基米德发明了复合滑轮。

公元前 250

公元前 15000

1687

英国科学家艾萨克·牛顿出版了关于力和运动的著作《自然哲学的数学原理》。

1590

公元前 3500

轮式车辆首次投入使用。

意大利科学家伽利略·伽利雷提出，除非空气阻力使物体减速，否则物体下落的速度是相同的。

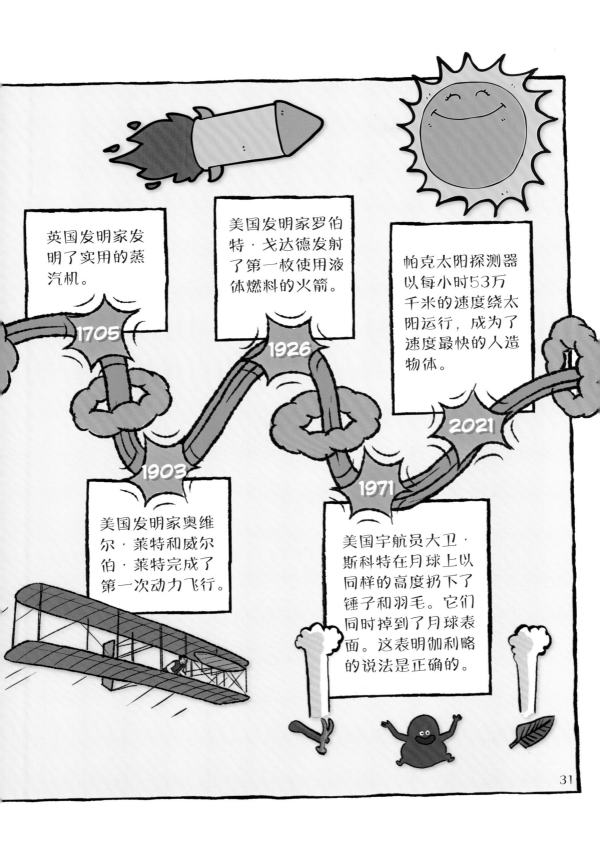

英国发明家发明了实用的蒸汽机。

1705

美国发明家罗伯特·戈达德发射了第一枚使用液体燃料的火箭。

1926

帕克太阳探测器以每小时53万千米的速度绕太阳运行，成为了速度最快的人造物体。

2021

1903

美国发明家奥维尔·莱特和威尔伯·莱特完成了第一次动力飞行。

1971

美国宇航员大卫·斯科特在月球上以同样的高度扔下了锤子和羽毛。它们同时掉到了月球表面。这表明伽利略的说法是正确的。

名人录：伽利略·伽利雷

33

是的，我们全部同时着地。

太棒了！你看，无论重量如何，引力的作用效果都是一样的！但是空气阻力会改变物体下落的速度。

很不错。走楼梯太慢了。

我要利用空气阻力来减缓我下落的速度。

人物档案

姓名：伽利略·伽利雷

出生年份：1564年

出生地：意大利比萨

职业：科学家

成就：发现了自由落体定律。

实验：硬币实验！

嗨，力，带钱了吗？

你要干什么？

我想展示一下惯性和引力的作用。

用你自己的钱！

你需要准备的材料：
· 塑料杯或玻璃杯
· 扑克牌
· 硬币(任何硬币都可以)

在塑料杯或玻璃杯上放一张扑克牌。然后，在扑克牌上放一枚硬币，确保它在塑料杯或玻璃杯的中央。

用手指从侧面轻弹扑克牌的一个角。你可能需要练习几次才能掌握技巧！发生了什么？那张牌被弹开后，硬币直接掉进杯子里了吗？

为什么硬币没有和扑克牌一起被弹飞呢？

因为惯性！记住，静止的物体会一直保持着静止，除非有外力使它运动。

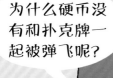

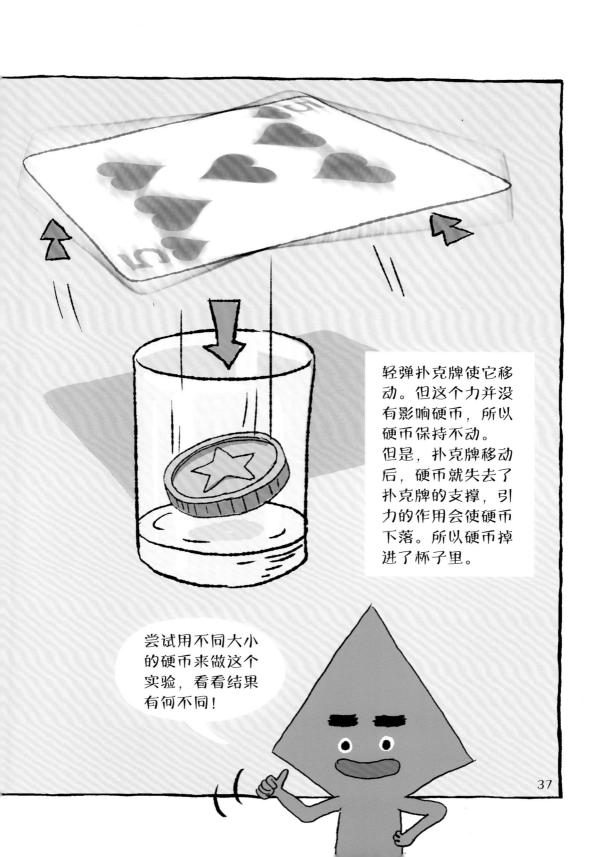

轻弹扑克牌使它移动。但这个力并没有影响硬币，所以硬币保持不动。
但是，扑克牌移动后，硬币就失去了扑克牌的支撑，引力的作用会使硬币下落。所以硬币掉进了杯子里。

尝试用不同大小的硬币来做这个实验，看看结果有何不同！

你能相信吗?!

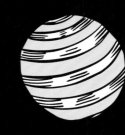

在没有空气阻力或摩擦力的情况下，外太空的火箭将**永远飞行**！

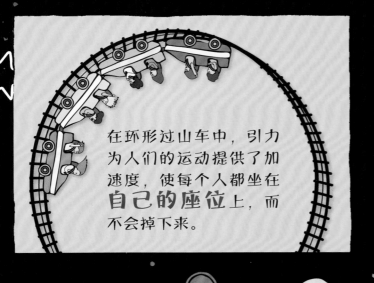

在环形过山车中，引力为人们的运动提供了加速度，使每个人都坐在**自己的座位**上，而不会掉下来。

但如果它飞得离行星、恒星或其他天体太近，引力就会**改变火箭的飞行方向**，它甚至会坠毁！

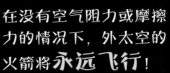

力的单位是**牛顿**。1牛顿的力能使质量为1千克的物体的速度每秒增加或减少1米/秒。

大白鲨的咬合力是所有现存动物中最强的——超过18,000牛顿！

词汇表

磁力
物质中的电子（带负电荷的粒子）运动产生的力。

杠杆
一种简单机械，是一种绕固定点转动的杆。

工程师
设计和建造发动机、机器、道路、桥梁、运河、堡垒等的人。

惯性
物体保持原来匀速直线运动状态或静止状态的性质。

滑轮
一种用绳子或链条缠绕在转轮上的简单机械。

机械力
两个物体相互接触时所施的力。

加速度
物体运动速度大小或方向的改变会产生加速度。

简单机械
有六种类型，可以改变力做功的方式。

距离
两点在空间上相隔的长度。

力
推或拉。

轮轴
由相互固定的轮和轴组成的杠杆类简单机械。

螺丝钉
一种简单机械，形状像一个绕在一根中心轴上的斜坡。

摩擦力
当物体相对滑动时，在接触面上产生一种阻碍相对运动的力，会使物体减速并产生热量。

楔子
一种简单机械，形状像两个背靠背放置的斜面，可以切割物体。

润滑
通过涂抹润滑油或润滑液使机械更加光滑，机械运行更轻松的行为。

速度
物体在单位时间内移动的距离。

物理学
研究物质的基本性质及其最一般的运动规律，以及物质的基本结构和基本相互作用等的科学。

斜面
一种形状像斜坡的简单机械。

引力
使所有物体相互吸引的力。

运动
物体位置的改变。

质量
物体中物质的含量。

著作权合同登记号：图字 18-2024-003

图书在版编目（CIP）数据

这就是物理：升级新版. 力和运动 /（美）约瑟夫
·米森著 ；（美）萨缪·希提绘 ；周思益译. —— 长沙：
湖南少年儿童出版社，2024.5
ISBN 978-7-5562-7558-8

Ⅰ. ①这… Ⅱ. ①约… ②萨… ③周… Ⅲ. ①力学—
青少年读物 ②运动学—青少年读物 Ⅳ. ①O4-49

中国国家版本馆CIP数据核字（2024）第070679号

ZHE JIUSHI WULI SHENGJI XINBAN LI HE YUNDONG

这就是物理　升级新版　力和运动

[美]约瑟夫·米森　著　　[美]萨缪·希提　绘　周思益　译

责任编辑：张　新　李　炜	策划出品：李　炜　张苗苗
策划编辑：王　伟	特约编辑：张丽静
营销支持：付　佳　杨　朔　苗秀花	版权支持：王立萌
封面设计：主语设计	版式排版：霍雨佳
项目支持：汪秀英　张思齐	

出　版　人：刘星保
出　　　版：湖南少年儿童出版社
地　　　址：湖南省长沙市晚报大道 89 号
邮　　　编：410016
电　　　话：0731-82196320
常年法律顾问：湖南崇民律师事务所 柳成柱律师
经　　　销：新华书店

开　本：715 mm×980 mm　1/16	印　　刷：河北尚唐印刷包装有限公司
字　数：23 千字	印　　张：2.5
版　次：2024 年 5 月第 1 版	印　　次：2024 年 5 月第 1 次印刷
书　号：ISBN 978-7-5562-7558-8	定　　价：179.00 元（全 10 册）

若有质量问题，请致电质量监督电话：010-59096394　团购电话：010-59320018

这就是物理

升级新版

[美]约瑟夫·米森 著　[美]萨缪·希提 绘　周思益 译

GRAVITY 引力

CTS

湖南少年儿童出版社
HUNAN JUVENILE & CHILDREN'S PUBLISHING HOUSE

小博集
BOOKY KIDS

WORLD BOOK

·长沙·

　　我很荣幸担任了这套书的翻译和审校工作。我经常自称是幼儿园园长，但当我真正参与了与小朋友有关的工作，又是诚惶诚恐，生怕自己哪个字或词语会让小朋友感到难以理解。经过深思熟虑后，我还是决定以直译的方式来翻译这套书，并在语气方面尽量贴合小朋友的表达习惯。

　　收到这套书后，我最先翻译的是《力和运动》。翻开书的那一刻我就被震惊到了，这是什么，这些简直是会说话的图形呀！力是方头五边形，运动是尖头四边形。我被这一对淘气、可爱的好朋友吸引了，跟着他们，我又重拾了儿时的乐趣，重温了那段温馨的时光。

　　这套书，共分为10册，用孩子们喜欢的漫画形式，生动地讲解了很多有趣的物理学知识。让孩子们，在不看任何物理学公式的情况下，就能掌握丰富的物理学知识。有些内容采用"对话式"的行文方式，不仅提升了这套书的可读性和趣味性，还拉近了物理学知识与读者之间的距离。有些内容则采用与"读者聊天"的方式展开，书中的这些小人物仿佛带领着孩子们，在物理世界里进行着他们梦寐以求的"研学游"。

　　在内容编排方面，这套书的内容极为丰富，包含了力和运动、引力、声音、能量、物质的性质及变化、光、电、热和磁，但书中涉及的知识点并不深奥，只要有一颗充满好奇的心就能跟着书中的人物一起去发现自然界的奥秘。非常适合幼儿园和小学低年级的小朋友们阅读。

　　希望这套书能唤起孩子们的好奇心，引导孩子们体会到物理世界的有趣之处和可爱之处。

——周思益　重庆大学物理学院副教授

目 录

什么是引力?

所有的物体都会相互**吸引**，这种**力**被称为引力。

晃动

力是推动或拉动物体的某种东西。

拉

引力让你稳稳地站在地球上。

踩脚 踩脚

如果世界上没有引力……

你就会飘浮起来，飞入太空。

我怎么这么厉害呢？！

5

注：本书中所用的地球的图片仅为示意图，均为外版原书中的原图。——编者

引力的大小与两个因素有关：**距离和质量**。

距离是两点在空间上相隔的长度。

两个物体之间的距离越远，它们之间的引力就越小。

质量衡量的是物体所含物质的多少。

一切物体都由物质构成。

嗨！

物体的质量越大，它吸引周围物体的力量也就越大！

所有的物体之间都有引力，当然也包括你和地球。

你对地球的引力，会把地球拉向你。

但地球的质量是你的数万亿倍。

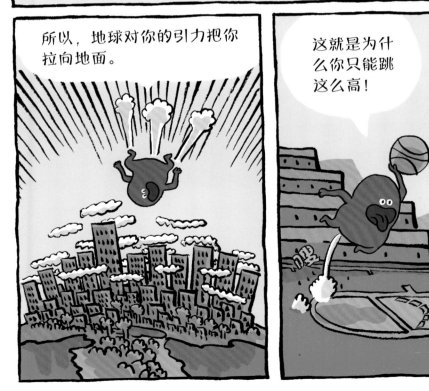

所以，地球对你的引力把你拉向地面。

这就是为什么你只能跳这么高！

测量引力

我们无法直接看见引力，但可以测量它。

重量可以反映物体受到来自地球的引力的大小。

当你想知道一个物体到底有多重时，往往会用秤称一称。我们一般用千克作为质量的单位，通过质量我们可以算出物体的重量。

咔咔
咔咔

当科学家通过给物体称重测量它受到的引力时，使用的单位是牛顿。

但要记住：无论你使用哪种计量单位……

在同一位置上，重的物体总是比轻的物体具有更强的引力。

嗖

9

质量和引力

在太空中，你的质量和在地球上时一样，但你的重量却不一样了。

月球的质量比地球的小，所以它的引力更小。

也就是说，在月球上你的重量会变小。

木星的质量比地球的大，所以它的引力更大。

在木星上，你的重量大约是在地球上的2.5倍。

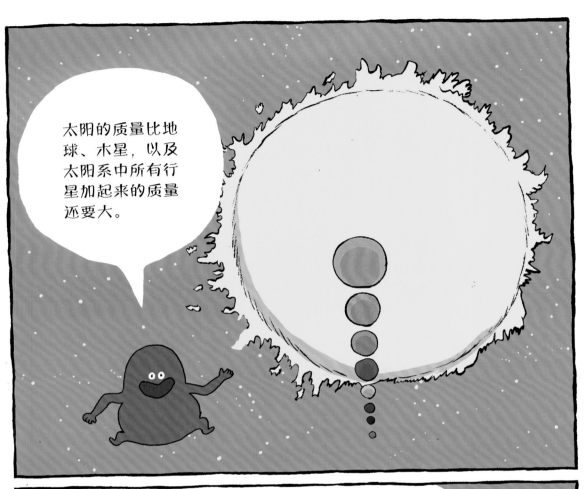

物体如何下落

让我们一起来看看，物体是如何下落的吧！

如果我把物体从这么矮的地方扔下去……

它一点事也没有。

但如果我从很高的地方扔下去……

它就摔坏了。

引力会使物体下落得越来越快。

摩擦力

两个相互接触的物体，当它们相对滑动时，在接触面上会产生一种阻碍相对运动的力，这种力就是摩擦力。摩擦力会让移动中的物体不断减速。

吱

嗖

下落的物体会受到摩擦力。

摩擦力来自空气中微小的、肉眼看不见的物质。

物体的大小、形状和重量等影响了它在空气中下落的快慢。

嘭

如你所见，锤子比羽毛更快地穿过了空气。

在地球上，来自空气的摩擦力会影响物体下落的速度。

如果是在没有空气的太空里呢？

月球上没有空气，也就没有空气产生摩擦力。

因此，它俩下落的速度是相同的。

15

惯性

引力和其他力会影响物体的运动状态。

用足球来举个例子吧!

如果你在地球上踢球,它最终总会回到地面上。

为什么呢?

因为地球上到处都是可以改变足球**运动**的力。

踢

嘭

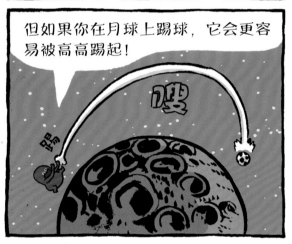

但如果你在月球上踢球,它会更容易被高高踢起!

嗖

踢

而在木星上,它很难被踢起来。

踢

嘭

如果你在太空里踢球呢?

球会沿着直线运动,因为这里没有引力或者摩擦力让它停下来。

踢

在17世纪，英国科学家艾萨克·牛顿对上面的现象给出了解释。

历史

他是这么说的……

哗啦 哗啦 哗啦

一切物体没有受到力的时候，运动状态不会发生改变。

运动的物体保持运动状态，静止的物体保持静止状态。

这种性质也被称为惯性。

引力和太阳

现在你已经知道，引力不仅会影响地球上的物体，行星、月球和恒星都会受到引力的影响。

太阳的引力使**太阳系**中的行星不会被抛向太空。

而惯性则使它们不会一头撞向太阳。

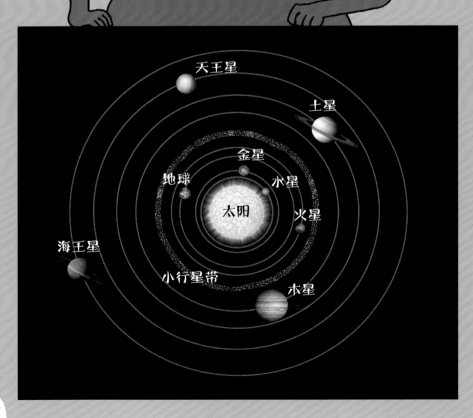

如果失去了太阳的引力，地球将在太空中沿直线运行！

太阳的引力把地球拉向自己，但地球移动得非常快。最终，它会绕着太阳旋转。

引力就像一条无形的绳子，把太阳系里的每颗行星都紧紧拴在了太阳上。

行星又通过运动来避免自己撞向太阳！

引力和月球

我们可以直观地看到月球的引力对地球上的海洋的影响。

海水的涨落形成了潮汐。涨潮的时候，海滩可能会被海水淹没。

退潮的时候，海滩又重新露出来。

潮汐是引力作用的结果。它是地球和月球之间存在引力的证据。

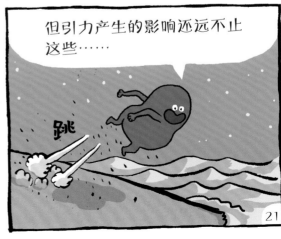

但引力产生的影响还远不止这些……

跳

引力和太阳系

引力就像胶水一样。它让微小的物体相互吸引，并聚集在一起，从而形成更大的物体。

在45亿年前，地球和太阳系中的其他天体就是这样形成的。

科学家认为，整个太阳系最开始只是一团在太空中旋转的气体和尘埃。

随着引力把物质拉向旋转的中心，它们旋转得越来越快。

引力使物质变得越来越紧密，直到在中心处形成了一团灼热的气体球。

这团气体球至今仍在闪闪发光。

咯吱
咯吱
咯吱

我们称它为太阳。

戴

月球很可能是地球与另一颗早期行星发生大碰撞后形成的。

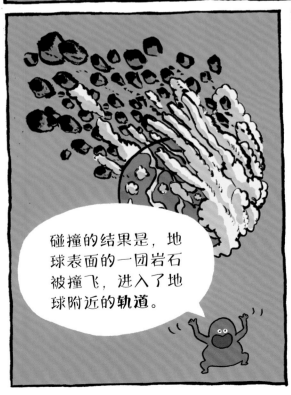

碰撞的结果是，地球表面的一团岩石被撞飞，进入了地球附近的**轨道**。

气团冷却凝结后，形成了一个由小型固态行星体组成的环带。

引力使它们聚在一起，就形成了月球！

黑洞

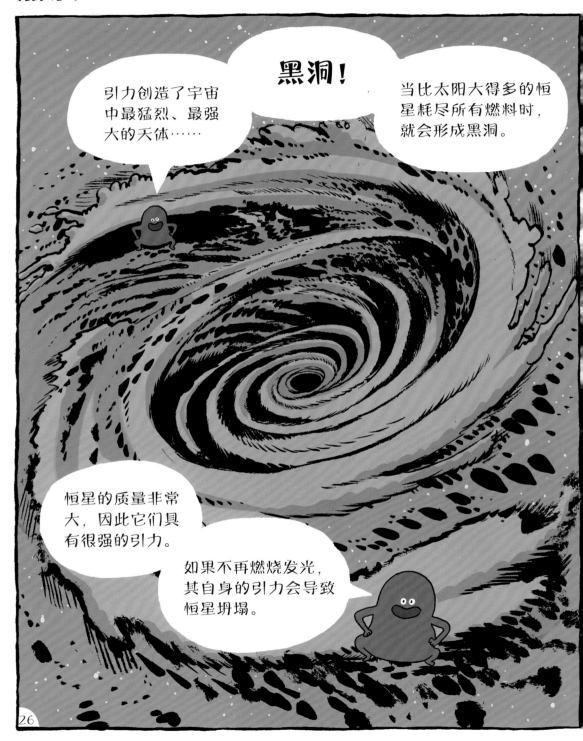

恒星燃烧时会释放能量。这些能量从恒星内部向外推动。

而恒星的引力向内拉，方向朝着恒星的中心。

只要这两种力保持平衡，恒星就是安全的。

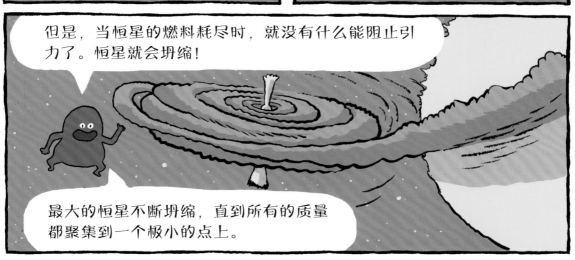

但是，当恒星的燃料耗尽时，就没有什么能阻止引力了。恒星就会坍缩！

最大的恒星不断坍缩，直到所有的质量都聚集到一个极小的点上。

黑洞周围的引力非常强大，会把靠近它的任何东西撕成碎片。

任何物体都无法逃脱黑洞的引力——即使是光！

27

为什么要研究引力?

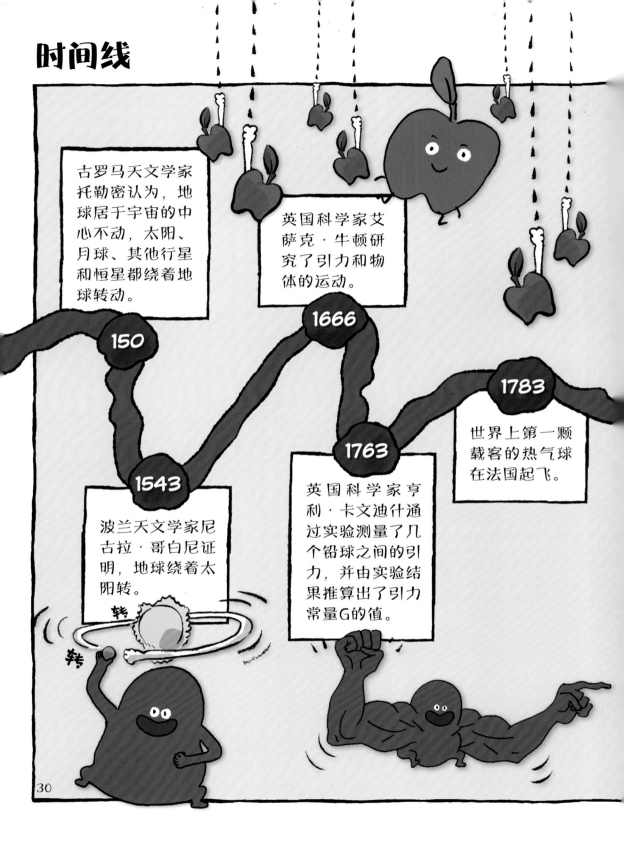

时间线

古罗马天文学家托勒密认为，地球居于宇宙的中心不动，太阳、月球、其他行星和恒星都绕着地球转动。

英国科学家艾萨克·牛顿研究了引力和物体的运动。

150

1666

1783

世界上第一颗载客的热气球在法国起飞。

1543

1763

波兰天文学家尼古拉·哥白尼证明，地球绕着太阳转。

英国科学家亨利·卡文迪什通过实验测量了几个铅球之间的引力，并由实验结果推算出了引力常量G的值。

转

转

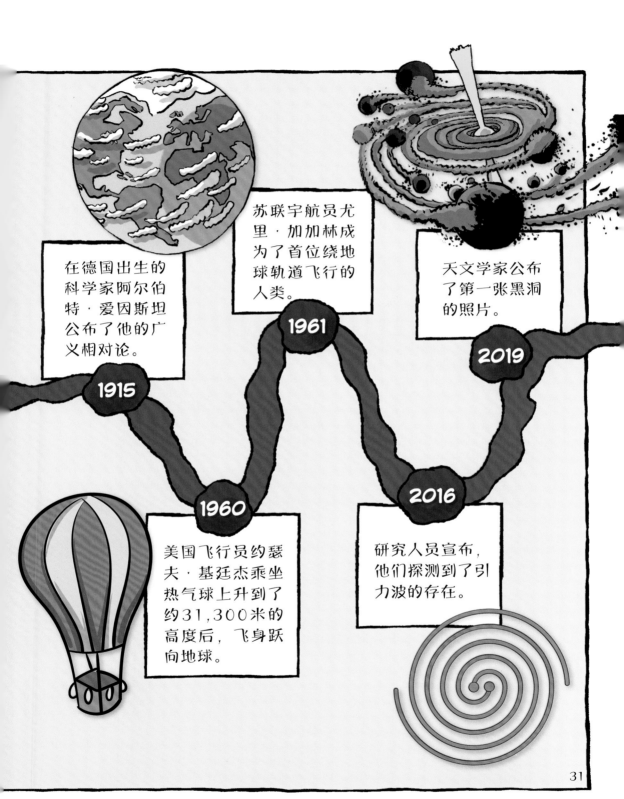

在德国出生的科学家阿尔伯特·爱因斯坦公布了他的广义相对论。

苏联宇航员尤里·加加林成为了首位绕地球轨道飞行的人类。

天文学家公布了第一张黑洞的照片。

1961

1915

2019

1960

2016

美国飞行员约瑟夫·基廷杰乘坐热气球上升到了约31,300米的高度后，飞身跃向地球。

研究人员宣布，他们探测到了引力波的存在。

名人录：艾萨克·牛顿

牛顿彻底改变了人们对引力的理解。那个苹果……竟然带来了一本影响深远的书——《自然哲学的数学原理》。

人物档案

姓名： 艾萨克·牛顿
出生年份： 1643年
出生地： 英国伍尔索普
职业： 物理学家、数学家、天文学家
成就： 牛顿发现，将物体拉向地球的，和使行星保持在轨道上运行的是同一种力。

实验：丢瓶子

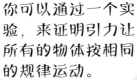

你可以通过一个实验，来证明引力让所有的物体按相同的规律运动。

警告：
如果你在室内做这个实验，可能会让你的父母生气。

你需要的东西：
· 2个密封的塑料瓶
· 水　　· 很多毛巾
· 食品秤（非必需）

在地上平铺几条毛巾。这将是瓶子落下的地方。把其中一个瓶子装满水，然后盖上盖子。如果你有秤，可以称一下这两个瓶子有多重。装满水的瓶子会重得多。

双手各拿一个瓶子，站在毛巾前面。伸出双手，然后同时放开瓶子。记得多准备些毛巾，以防瓶子里的水洒出来！

你可能会认为，装满水的瓶子会下落得更快，因为它更重。但是，这和你观察到的一样吗？科学家认为，引力让所有的物体按相同的规律运动。

注：这种情况下，空气带来的摩擦力相对于两个瓶子受到的引力来说，可以忽略不计。

——编者

你能相信吗？！

物体**在月球上**受到的引力是在地球上的1/6。

这是失重，而非g=0！
绕着地球轨道运行的时候，航天员们仍然受到地球引力的作用，但他们感觉不到。

引力能帮我们锻炼出**强壮的肌肉和骨骼！**
随着时间推移，绕地球飞行的航天员的肌肉和骨骼强度会变低。他们每天必须锻炼几小时才能保持健康！

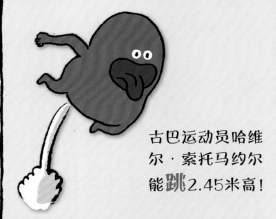

古巴运动员哈维尔·索托马约尔能**跳**2.45米高！

从高处落下时，猫几乎总是**脚**先着地！

落入地球的所有东西都具有某个速度，空气阻力使它最快只能这么快了。这叫作**终端速度。**

引力使太阳闪耀！
太阳巨大的引力使其核心处的原子发生聚变，并释放出**大量的能量。**

一些小行星的引力非常弱，你甚至可以一跳**飞入太空！**

黑洞的引力是如此之大，
以至于光都无法逃脱。

山顶处的重力加速度（g）比海平面的要稍小。

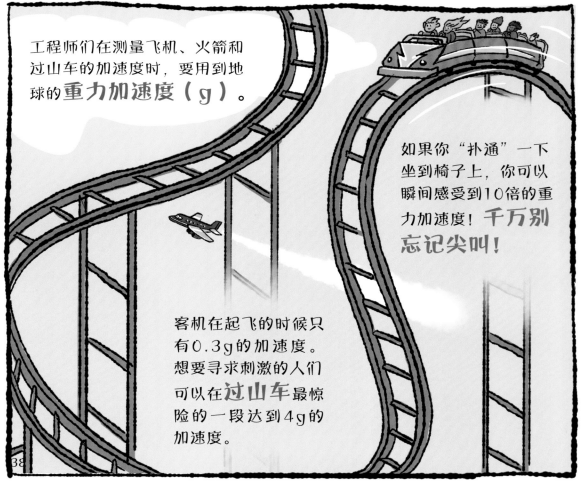

工程师们在测量飞机、火箭和过山车的加速度时，要用到地球的**重力加速度（g）**。

如果你"扑通"一下坐到椅子上，你可以瞬间感受到10倍的重力加速度！**千万别忘记尖叫！**

客机在起飞的时候只有0.3g的加速度。想要寻求刺激的人们可以在**过山车**最惊险的一段达到4g的加速度。

词汇表

惯性
物体保持原来匀速直线运动状态或静止状态的性质。

轨道
在引力作用下一个物体环绕另一物体的运动路径。例如，地球绕太阳运动的路径，这就是一个轨道。

黑洞
空间中的某块区域，引力极强，没有物体能够逃脱它的吸引。

距离
两点在空间上相隔的长度。

力
推或拉。

摩擦力
当物体相对滑动时，在接触面上产生一种阻碍相对运动的力，会使物体减速并产生热量。

凝结
气体变为液体或液体变为固体。

速度
物体在单位时间内移动的距离。

太阳系
太阳以及围绕它旋转的所有行星、卫星、彗星和其他天体。

吸引
使一个物体拉向另一个物体。

引力
使所有物体相互吸引的力。

宇宙
周围的一切，包括地球、恒星、行星和其他天体。

运动
物体位置的改变。

质量
物体中物质的含量。

著作权合同登记号：图字 18-2024-003

图书在版编目（CIP）数据

这就是物理：升级新版. 引力 /（美）约瑟夫·米森著 ；（美）萨缪·希提绘 ；周思益译. -- 长沙：湖南少年儿童出版社，2024.5
    ISBN 978-7-5562-7558-8

Ⅰ. ①这… Ⅱ. ①约… ②萨… ③周… Ⅲ. ①引力—青少年读物 Ⅳ. ①O4-49

中国国家版本馆CIP数据核字（2024）第070949号

ZHE JIUSHI WULI SHENGJI XINBAN YINLI

这就是物理　升级新版　引力

［美］约瑟夫·米森 著　［美］萨缪·希提 绘　周思益 译

责任编辑：张 新 李 炜	策划出品：李 炜 张苗苗
策划编辑：王 伟	特约编辑：张丽静
营销支持：付 佳 杨 朔 苗秀花	版权支持：王立萌
封面设计：主语设计	版式排版：霍雨佳
项目支持：蔡嘉琪 张思齐	

出 版 人：刘星保
出　　版：湖南少年儿童出版社
地　　址：湖南省长沙市晚报大道 89 号
邮　　编：410016
电　　话：0731-82196320
常年法律顾问：湖南崇民律师事务所 柳成柱律师
经　　销：新华书店

开　本：715 mm×980 mm　1/16	印　刷：河北尚唐印刷包装有限公司
字　数：23 千字	印　张：2.5
版　次：2024 年 5 月第 1 版	印　次：2024 年 5 月第 1 次印刷
书　号：ISBN 978-7-5562-7558-8	定　价：179.00 元（全 10 册）

若有质量问题，请致电质量监督电话：010-59096394　团购电话：010-59320018